KB109157

FINANCIER & MADELEINE

FINANCIER & MADELEINE

반죽부터 다시 시작하는

피낭시에&마들렌

하영아(사월의 물고기) 지음

인기 베이킹클래스 사월의 물고기 레시피 20

길벗

Prologue

요즘 구움과자가 참 인기입니다. 언제나 맛있고 만들기도 쉬운 데다 재료도 간단하니까요. 제가 베이킹 초보였던 때가 생각납니다. 손수 만든 마들렌이 정말 신기하고 기뻤지요. 이렇게 예쁘고 맛있는 마들렌을 만들 수 있다는 생각에 감격했어요. 정성껏 만들어 사랑하는 사람들에게 선물하는 기쁨에 설레고 행복했습니다. 그때 느꼈던 그 기쁨과 행복을 여러분에게도 전달하고 싶어요.

그런데 피낭시에와 마들렌의 차이를 아시나요? 지인이 어느 베이커리 카페에 가서 마들렌과 피낭시에의 차이점을 물었더니 구울 때 쓰는 틀만 다르다는 답변을 들었다고 합니다. 웃지 못할 에피소드죠. 우선 큰 차이점부터 말하자면, 식감이 많이 다릅니다. 피낭시에는 겉이 바삭하고 안은 촉촉한 식감의 구움과자입니다. 마들렌은 미니 파운드케이크같이 촉촉하고 부드럽지요. 들어가는 재료에 따라서 맛과 식감이 다양해지는 것도 또 다른 매력입니다.

이 책에서는 구움과자 중에서도 가장 만들기 쉽다는 피낭시에와 마들렌을 소개합니다. 하지만 이마저도 많은 분들이 실패하곤 합니다. 거듭되는 실패 속에서도 그 이유를 몰라 헤매는 분들이 많아요. 왜 계속 실패할까요? 바로 반죽부터 실패했기 때문입니다. 반죽의 중요성을 간과하고 반죽에 영향을 주는 키포인트를 무시하고 넘어갔기 때문이죠.

그래서 이 책에서는 반죽이 왜 중요한지에 대해 계속 반복하여 알려드릴 거예요. 완벽한 반죽은 피낭시에와 마들렌을 실패하지 않고 만들 수 있는 가장 중요한 포인트거든요. 반죽부터 잘못되었다면 오븐이 아무리 좋아도 성공할 수 없습니다. 공들여 만든 마들렌과 피낭시에의 운명을 반죽이 결정짓는 거예요.

너무 장황하게 말씀드렸나요? 걱정 마세요. 본문에서는 최대한 친절하고 자세하게 설명해드릴 테니까요. 각 과정의 포인트를 미리 잘 숙지한다면 맛있는 피낭시에와 마들렌을 만들 수 있을 거예요. 제가 지금까지 베이킹 클래스와 카페를 운영하며 얻은 노하우를 모두 알려드릴게요. 편안하게 읽어보고 맛있고 쉽게 만드시길 바랍니다.

하영아

PART 1

실패하지 않는 기본 피낭시에 & 마들렌만들기

PART 2

쉽고 맛있는 피낭시에 & 마들렌 레시피 20

피낭시에

마들렌

HELLO!
|
FINANCIER & MADELEINE

Shoichiro
Jeremy
Gabriel
Azita

마들렌 하면 귀여운 조개 모양이 가장 먼저 떠오르죠. 마치 조개 껍질 같은 무늬와 볼록 나온 배꼽 모양이 특징입니다.

마들렌은 구움과자 중에서도 특히 촉촉하고 부드러워 프랑스인들의 티타임에 빠지지 않는다고 해요.

이 책에서는 기본 조개 모양 외에도 다양하고 특별하게 만들 수 있는 마들렌 레시피를 알려드릴 거예요.

촉촉하고 부드러운 마들렌 한 조각과 함께 행복한 시간 보내시길 바랍니다.

PICK UP
|
FINANCIER & MADELEINE

재료 이야기

피낭시에와 마들렌을 만드는 기본적인 재료와 보관법에 대해 소개합니다. 이 책에서 쓴 재료는 제가 카페와 베이킹클래스에서 사용하는 제품과 동일합니다. 추천하는 제품이니만큼 참고하여 사용하세요. 좋아하는 제품이 있다거나 마트에서 손쉽게 구할 수 있는 제품이 있다면 그것으로 사용해도 무방합니다.

버터

버터는 피낭시에와 마들렌의 풍미, 식감, 밀도를 결정하는 재료입니다. 사용하는 버터에 따라 다른 맛을 느낄 수 있는데, 이는 전체의 밸런스에 큰 영향을 미칩니다. 버터는 크게 유산균을 넣어 발효시킨 발효버터와 발효 과정을 거치지 않은 비발효버터로 나뉩니다. 발효버터는 새큼한 산미와 풍부한 발효향이 특징이며 주로 유럽에서 생산되는 버터가 이에 속합니다. 비발효버터는 깔끔하고 산뜻한 맛이 특징으로 우리나라에서 생산되는 대부분의 버터가 이에 속합니다. 입맛이나 취향에 따라 발효버터와 비발효버터를 선택하여 사용할 수 있습니다. 참고로 가염버터는 짠맛이 들어 있어 제과에는 잘 사용하지 않습니다. 이 책에서는 주로 무염 발효버터인 paysan breton 제품을 사용했습니다.

▶ 보관법

공기가 들어가지 않게 밀폐하여 냉장 보관(5℃ 이하) 후 사용하는 것을 권합니다.

버터의 세 가지 성질

+ 가소성

버터를 꾹 눌러보았을 때 쉽게 눌리고, 변한 모양을 그대로 유지하는 성질입니다. 가소성이 잘 발휘되는 온도는 13~21℃ 사이입니다. 온도가 이보다 더 낮으면 너무 딱딱하여 모양이 잘 변하지 않습니다. 온도가 너무 높으면 가소성을 잃고 질척해지며 모양이 유지되지도 않습니다.

+ 쇼트닝성

반죽 속에 작게 분산된 버터 입자가 글루텐 생성을 저지하고 전분 결합을 막는 것을 버터의 쇼트닝성이라 합니다. 버터는 13~18℃ 사이일 때 효과적인 쇼트닝성을 발휘합니다.

+ 크리밍성

버터를 섞을 때 공기를 포집하는 성질입니다. 18~22℃ 사이일 때 크리밍성이 제일 좋아요. 공기가 많이 들어간 버터는 밝은 색을 띱니다. 버터를 휘핑하는 과정에서 포집된 공기는 오븐 속에서 반죽을 부풀리는 역할을 합니다.

밀가루

밀가루는 단백질 함량에 따라 강력분, 중력분, 박력분으로 나뉩니다. 강력분은 제빵, 박력분은 제과, 중력분은 제과제빵보다는 가정에서 다목적용으로 사용됩니다. 이 책에서는 박력분과 강력분을 주로 사용합니다.

▶ 보관법

개봉 후에는 밀봉하여 습하지 않은 곳에 실온 보관합니다. 장기간 쓰지 않을 경우에는 냉동 보관해두세요.

단백질 함량에 따른 구분

+ 강력분(단백질 함량 11.5~13.5%)

단백질 함량이 높아 글루텐이 가장 잘 생기는 타입으로 주로 빵을 만들 때 사용합니다. 박력분에 비해 입자가 거칠고 잘 뭉치지 않아 덧가루로 사용하기도 합니다.

+ 중력분(9~10%)

단백질 함량이 강력분과 박력분의 중간 정도이며 제과제빵에서는 잘 사용하지 않는 편입니다. 주로 가정에서 수제비나 면을 만들 때 사용합니다. 다양한 식감을 느낄 수 있는 것도 특징입니다.

+ 박력분(6.5~8%)

단백질 함량이 가장 적은 박력분은 제과에서 많이 쓰입니다. 가볍게 부서지며 바삭한 식감을 내는 것이 특징입니다.

설탕

피낭시에와 마들렌을 만들 때는 일반적으로 백설탕을 사용합니다. 설탕은 피낭시에와 마들렌의 단맛뿐만 아니라 부드러운 식감과 보존성까지 높여줍니다. 설탕의 또 다른 역할은 바로 먹음직스런 구움색을 내는 것입니다. 반죽을 굽는 단계에서 설탕이 달걀이나 밀가루 등의 다른 재료와 함께 가열되면 메일라드 반응이 일어납니다. 흔히 '마이야르 반응'이라고도 부르는 메일라드 반응은 단백질(아미노산)이 탄수화물(당)과 반응하여 갈색 색소를 만드는 현상을 뜻합니다. 그래서 설탕 덕분에 피낭시에와 마들렌 표면이 먹음직스런 구움색을 띠는 것입니다.

▶ 보관법

설탕은 주변의 냄새를 흡수하는 성질이 있으니 향이 강한 식재료나 음식 가까이에는 두지 않는 게 좋아요. 개봉 후에는 밀봉하여 실온 보관합니다. 혹시 단단하게 굳었다면 전자레인지에 살짝 돌려보세요. 수분이 증발하며 잘 부서집니다. 정제도가 높은 백설탕은 정해진 유통 기한이 따로 없어 보관과 사용이 용이하다는 장점이 있습니다.

정제도, 가공도에 따른 구분

+ 백설탕

가장 높은 정제도로 만들어진 백설탕은 입자가 작아 잘 녹고 깔끔한 단맛을 냅니다. 사탕수수에서 추출한 조당을 원심 분리한 후 여러 번의 정제 과정을 거쳐 만들어낸 결과물이에요. 정백당, 자당이라고 부르기도 합니다.

+ 비정제설탕(원당)

전통적인 방식으로 가공한 설탕입니다. 정제도가 낮아 미네랄 등 각종 영양소가 살아 있는 게 특징입니다. 비정제설탕으로 피낭시에와 마들렌을 만들면 강한 단맛이 아닌 은은한 단맛을 느낄 수 있습니다.

+ 슈거 파우더

설탕이 덩어리지는 것을 방지하기 위해 곱게 간 설탕에 옥수수 전분을 5% 정도 넣은 것입니다. 설탕보다 입자가 고와 다른 재료들과 잘 섞이므로 좀 더 보슬보슬한 식감의 구움과자를 만들 수 있습니다.

+ 분당

설탕을 곱게 간 것으로 설탕 함량이 100%인 재료입니다.

달걀

달걀은 구움과자의 풍미를 더해주고 촉촉하고 부드러운 질감을 만들어주는 재료입니다. 밀가루 등의 가루 재료가 잘 뭉치도록 돕는 역할도 합니다. 달걀 껍데기가 거칠고 두꺼운 것, 산란일이 최신인 것, 흔들었을 때 출렁임이 없는 것이 좋습니다. 크기에 따라 소란(44g 미만), 중란(44g~52g), 대란(52g~60g), 특란(60g~68g), 왕란(68g 이상)으로 나뉩니다. 이 책에서는 특란을 사용했습니다.

▶ 보관법

달걀 내부의 수분이 증발하지 않도록 온도가 낮고 습도가 높은 곳에서 보관하는 게 가장 좋습니다. 일반적으로는 냉장고에 보관하며 여닫을 때마다 온도 변화가 잦은 문 쪽보다는 안쪽에 보관하는 게 좋습니다. 달걀의 뾰족한 부분이 위로 오도록 보관해야 합니다.

달걀흰자

난백이라고도 부릅니다. 수분 88%, 단백질 11%로 노른자에 비해 수분이 많은 편이며, 도톰한 형태를 유지하는 진한 흰자인 농후난백과 넓게 퍼지는 묽은 흰자인 수양난백으로 이루어져 있습니다. 신선한 흰자일수록 농후난백이 많으며, 신선도가 떨어질수록 수양난백의 비중이 높아집니다.

▶ 보관법

밀폐용기에 담아 냉장 보관합니다. 가급적 일주일 안에 소진하는 것이 좋습니다.

달걀노른자

베이킹에서는 크림 상태의 버터에 달걀을 섞는 과정이 있습니다. 이때 반죽이 분리되지 않고 균일하게 섞일 수 있는 것이 바로 노른자에 들어 있는 레시틴 같은 유화제 때문입니다. 노른자는 수분 49%, 지방 31%, 단백질 17%, 미네랄 2%로 이루어져 있습니다.

▶ 보관법

밀폐용기에 담아 냉장 보관합니다. 가급적 1~2일 안에 빨리 소진하는 것이 좋습니다.

사워크림

생크림을 발효시켜 만든 크림으로, 산미가 있어 새콤한 맛이 나는 게 특징입니다. 반죽에 넣어 만들면 부드러워지고 깊은 풍미가 생깁니다.

▶ **보관법**
냉장 보관합니다. 사워크림은 유통 기한이 짧으니 꼭 기한을 확인하고 사용하세요.

물엿

전분을 추출한 후 산이나 효소로 가수분해하여 만든 것입니다. 보습성이 뛰어나며 설탕 대비 당도가 30% 낮습니다. 트리몰린이나 꿀에 비해 당도가 낮아 덜 단 구움과자를 만들고 싶을 때 사용하면 좋아요.

▶ **보관법**
개봉 후에는 밀봉하여 실온 보관합니다.

꿀

꿀벌이 소화 효소로 꽃의 당분을 분해하여 자연적으로 만들어낸 당입니다. 설탕 대비 당도는 130%로 높습니다. 당도가 높고 보습력이 뛰어난 트리몰린과 비슷한 성질을 갖고 있습니다. 향이 강한 꿀보다는 잡화꿀이 사용하기 적당합니다.

▶ **보관법**
개봉 후에는 밀봉하여 실온 보관합니다.

아몬드 파우더

아몬드의 껍질을 벗기고 곱게 갈아 만든 가루입니다. 피낭시에와 마들렌의 풍미를 더욱 깊게 만들어줍니다. 밀가루를 5% 정도 섞어 만든 제품과 100% 아몬드로만 만든 제품이 있습니다. 고소한 풍미를 높이고 싶다면 100% 아몬드로만 만든 아몬드 파우더를 추천합니다.

▶ **보관법**
개봉 후에는 밀봉하여 습하지 않은 곳에 실온 보관합니다. 장기간 쓰지 않을 경우에는 냉동 보관해두세요.

베이킹파우더

베이킹파우더는 탄산수소나트륨에 산성제와 차단제를 미리 넣어 베이킹소다의 단점을 보완한 것입니다. 열을 가하면 분해되면서 이산화탄소를 발생시켜 반죽을 부풀게 만드는 팽창제입니다. 반죽 한쪽에 베이킹파우더가 뭉치면 그 부분에서 떫은맛이 날 수 있으니, 반드시 체에 쳐 사용합니다. 알루미늄이 들어간 제품은 쓴맛이 나서 좋지 않으니 되도록 알루미늄 프리 제품을 사용하는 게 좋아요. 이 책에서는 알류미늄 프리인 SIB 제품을 사용했습니다.

▶ 보관법

밀봉하여 상온에서 보관합니다.

바닐라빈

바닐라 줄기를 말려서 만든 천연 향신료입니다. 우리가 주로 쓰는 바닐라빈은 크게 마다가스카르산과 타히티산으로 나뉩니다. 마다가스카르 바닐라빈은 일반적인 바닐라 향이 나며, 타히티 바닐라빈은 꽃향기를 머금고 있습니다. 사용할 때는 세로로 칼집을 내고 벌린 다음 칼등으로 씨앗을 긁어내고 씁니다. 사용하고 남은 껍질을 설탕 용기에 넣어두면 바닐라 향이 은은하게 감도는 바닐라 설탕이 됩니다.

▶ 보관법

밀봉하여 상온에서 보관합니다.

견과류

견과류는 지방 성분이 많아 산패가 빠릅니다. 개봉 후 가급적 빨리 소진하는 게 좋습니다. 특유의 텁텁하고 쓴맛을 없애기 위해 전처리해서 사용하세요.

▶ 보관법

밀봉하여 냉동 보관합니다.

소금

피낭시에와 마들렌의 간을 맞추는 역할을 합니다. 반죽에 고루 잘 섞일 수 있는 고운 소금이 좋습니다. 칼슘, 철분, 미네랄 함량이 높아 덜 짜고 부드러운 맛이 나는 것이 좋은 소금이에요. 구운 소금이나 천일염을 갈아 사용하거나, 꽃소금을 사용하면 됩니다.

▶ 보관법

밀봉하여 상온에서 보관합니다.

베이킹소다

100% 탄산수소나트륨으로 구성되어 있습니다. 베이킹소다를 반죽에 넣고 오븐에 구우면 이산화탄소가 가스를 발생시켜 반죽이 옆으로 퍼지며 부풉니다. 산성 재료를 섞어주지 않으면 쓴맛이 난다는 단점이 있습니다. 밀가루 대비 1~2% 정도 첨가하여 사용하면 좋아요.

▶ **보관법**
밀봉하여 상온에서 보관합니다.

우유

생크림과 버터의 원료이기도 한 우유는 87%의 수분과 지방, 단백질, 유당이 13%로 이루어져 있습니다. 지방 함량만 따지자면 대략 3.7%를 함유하고 있어요. 유제품 중 수분 함량이 가장 높은 재료입니다. 피낭시에와 마들렌을 만들 때는 저지방이나 무지방 우유보다는 유지방이 그대로 들어 있는 일반 우유가 적합해요. 우유 안의 유당은 반죽이 오븐에서 구워질 때 메일라드 반응과 캐러멜 반응을 일으켜, 피낭시에와 마들렌의 표면을 먹음직스러운 구움색으로 만들어줍니다.

▶ **보관법**
냉장 보관합니다. 유통 기한이 하루 정도 지난 제품도 이상이 없다면 사용은 가능하지만, 가급적 유통 기한 안에 사용하는 게 안전합니다.

생크림

우유의 지방만 따로 분리한 것으로 35~38%의 유지방으로 이루어져 있습니다. 젖소에서 짜낸 우유로 만들어서 동물성 크림이라고도 부릅니다. 지방 함량이 높으므로 생크림을 넣고 만든 피낭시에와 마들렌에서는 깊은 풍미를 느낄 수 있어요.
생크림의 대체품으로 대두유, 야자유, 팜유 등을 가공해 만든 식물성 유지가 있습니다. 우유로 만든 생크림에는 천연 유화제가 들어 있지만, 식물성 유지에는 유화제가 존재하지 않아 인위적으로 여러 종류의 유화제를 넣고 만듭니다. 식감이나 풍미가 동물성 생크림보다 떨어지는 편입니다. 이 책에서는 동물성 생크림만을 사용합니다.

▶ **보관법**
냉장 보관합니다. 생크림은 유통 기한이 짧으니 꼭 기한을 확인하고 사용하세요.

도구 이야기

피낭시에와 마들렌을 만들 때 필요한 도구를 소개합니다. 도구는 가격의 폭이 상당히 넓죠? 예를 들어 국내에서 제작하는 틀과 프랑스에서 수입한 틀은 가격 차이가 많이 납니다. 하지만 국내산 제품을 사용하는 것도 나쁘지 않아요. 제가 다이소 등의 생활용품 전문점에서 판매하는 제품을 많이 사용한다면 믿으시겠어요? 사용에 부담이 없고 편리한 제품이면 충분합니다.

오븐

내부를 히터로 가열하여 고르게 반죽을 굽는 오븐은 베이킹에 필수인 도구입니다. 이 책에서는 컨벡션 오븐인 우녹스와 스메그를 사용했습니다.

오븐의 종류

+ 데크 오븐

제과점 같은 일반 베이커리 업장에서 사용하는 오븐입니다. 뜨거운 바람으로 내부를 가열하는 컨벡션 오븐과 다르게 위아래에 열선을 깔아 가열합니다. 위아래 온도를 달리 설정할 수 있으므로 좀 더 섬세하게 구울 수 있어요. 오븐 문을 열고 닫을 때도 내부 온도가 쉽게 떨어지지 않습니다.

+ 컨벡션 오븐

제과에서 많이 쓰는 오븐입니다. 내부에 장착된 팬이 돌면서 열풍이 생기고, 이 열풍이 전체적으로 고르게 내부를 가열합니다. 높이나 위치에 따른 열 편차가 적어 일반 오븐보다 열효율이 높으며, 구운 뒤 색이 비교적 고른 편입니다. 그러나 열풍이 불면서 데크 오븐에 비해 반죽이 건조해지기 쉽다는 단점도 있습니다.

+ 가정용 오븐

위나 아래의 열선이 달궈지며 내부를 가열하는 오븐입니다. 한 번에 구울 수 있는 양이 적고 온도가 정확하지 않아 사용할 때 꼼꼼히 체크해야 한다는 단점이 있습니다. 그러나 가정에서 사용하기 부담스럽지 않은 가격대라는 점과 피낭시에와 마들렌도 큰 무리 없이 잘 구워진다는 점은 큰 장점입니다.

핸드블렌더

거품을 내지 않고 고루 섞을 때 사용합니다. 가나슈를 만들 때처럼 수분 재료와 유분 재료를 섞어 유화할 때 쓰면 고르게 잘 섞어줍니다.

핸드믹서

반죽에 공기를 충분히 넣어 확실한 거품을 만들 때 사용하는 도구입니다. 저속, 중속, 고속으로 단순하게 나뉜 제품보다는 속도를 세밀하게 조절할 수 있는 제품이 더 좋습니다.

전자저울

정확한 계량은 베이킹의 시작이자 기본입니다. 1g 단위로 계량 가능하며 최대 계량 용량이 2kg(2000g)인 전자저울을 추천합니다. 홈베이킹 용도로는 2kg 정도면 충분해요.

식힘망

갓 구운 피낭시에와 마들렌을 틀에서 빼내어 식힐 때 사용하는 도구입니다.

체

가루 재료에 공기를 넣어 입자를 부드럽게 만들어줍니다. 요즘은 밀가루 제분 상태가 좋아 이물질이 들어갈 일이 적지만, 혹시 모를 이물질을 거르는 용도로도 사용됩니다. 밀가루나 슈거 파우더 등의 고운 가루에 쓸 것과 아몬드 파우더 등의 거친 가루에 쓸 것으로 나누어 두 가지 크기의 체를 준비하면 좋아요.

믹싱볼

재료를 한데 넣고 섞는 용도의 도구입니다. 위생적으로 좋고 가벼운 스테인리스 볼을 추천해요. 지름이 좁고 깊이감 있는 볼이 좋습니다.

짤주머니

반죽을 틀에 채우기 위해 사용하는 도구입니다. 위생적이고 편리한 일회용 비닐 재질과 반영구적으로 사용할 수 있는 방수 재질의 짤주머니가 있습니다.

거품기

액체류나 반죽을 섞을 때 사용합니다. 와이어가 너무 가늘지 않고 촘촘하며 튼튼한 것이 좋습니다. 사용 시 와이어 간격이 벌어지거나 힘이 없는 제품은 쓰기 불편하니 피하세요.

스크래퍼

버터를 자르거나 반죽을 분할할 때 주로 사용하는 도구입니다. 피낭시에와 마들렌을 만들 때는 짤주머니에 남은 반죽을 깔끔하게 다 사용할 수 있도록 해주는 역할을 합니다.

각종 틀

코팅이 되어 있는 각종 모양 틀을 사용합니다. 다 구운 뒤 반죽이 잘 떨어지지 않으니 미리 틀에 버터를 칠하여 사용합니다. 오븐에서 꺼내자마자 다 구워진 반죽과 분리하고 미온수로 세척 후 오븐 잔열로 수분을 날려 보관합니다.
실리콘 틀은 일반 틀과 달리 버터를 칠하지 않아도 구운 뒤 반죽이 잘 떨어집니다. 미온수로 세척한 다음 물기를 제거해 보관합니다.

붓

팬에 버터를 코팅하거나 반죽 표면에 달걀물이나 우유 등을 바를 때 사용합니다. 결이 곱고 촘촘한 붓이 작업성이 좋지만, 털이 빠지거나 세척 후 잘 말리지 않으면 위생적으로 좋지 않아요. 쉽게 세척할 수 있고 빨리 말라 더 위생적인 실리콘 붓을 추천합니다.

밀폐용기

완성한 피낭시에와 마들렌을 촉촉하게 보관하는 용기로 사용합니다.

고무 주걱

반죽을 섞을 때 쓰는 도구입니다. 너무 말랑한 제품은 사용할 때 힘을 잘 받지 않아 불편합니다. 전체적으로 딱딱하면서 가장자리 부분이 말랑한 제품을 골라야 반죽을 섞기가 편리합니다. 열에 강한 실리콘 제품이 좋아요.

PART 1

실패하지 않는 피낭시에 & 마들렌 만들기

Let's Make a Basic Financier & Madeleine

실패하지 않고 맛있는 피낭시에와 마들렌을 만들기 위해서는 레시피를 충분히 숙지하는 것이 가장 중요합니다.
레시피를 모르는 채로 책장을 넘겨가며 만들다 보면 당연히 놓치는 부분들이 생겨요.
실패할 확률도 높아지죠. 충분한 레시피 숙지를 통해 머릿속에 큰 그림을 그리고 시작하세요.
어떤 과정도 소홀히 하지 않고 차근차근 만들다 보면 어느새 맛있는 피낭시에와 마들렌이 완성될 거예요.

반죽을 실패하지 않는 중요 요소 4가지

어떤 피낭시에와 마들렌을 만들더라도 기본이 되는 준비 과정입니다. 그런데 이 과정을 소홀히 하는 분들이 많아요. 너무 사소하고 귀찮은 과정이지만 이 과정을 탄탄히 준비해두면 반죽을 쉽고 빠르게 작업할 수 있어요. 피낭시에와 마들렌을 실패하지 않고 만들 수 있는 중요한 팁입니다.

1 정확하게 계량하기

베이킹은 정확한 계량이 중요합니다. 베이킹파우더나 베이킹소다 같은 팽창제는 소량이라도 다르게 계량하면 완전히 다른 결과가 나오기 쉬워요. 한 꼬집의 양이라도 잘못되면 매우 위험하니 적은 양일수록 정확하게 계량하는 습관을 들이는 것이 중요합니다. 위는 밀가루 200cc 한 컵과 200g으로 비교한 사진입니다. 부피와 질량의 차이를 보여주는 좋은 예입니다.

2 필요한 도구 준비하기

필요한 도구와 재료는 사전에 미리 준비해둡니다. 한눈에 보이도록 얕은 트레이에 펼쳐놓고 준비해두어도 좋아요. 만드는 도중에 도구를 찾지 않아도 되므로 흐름이 끊기지 않아 작업성이 좋아집니다.

3 재료의 온도 유지하기

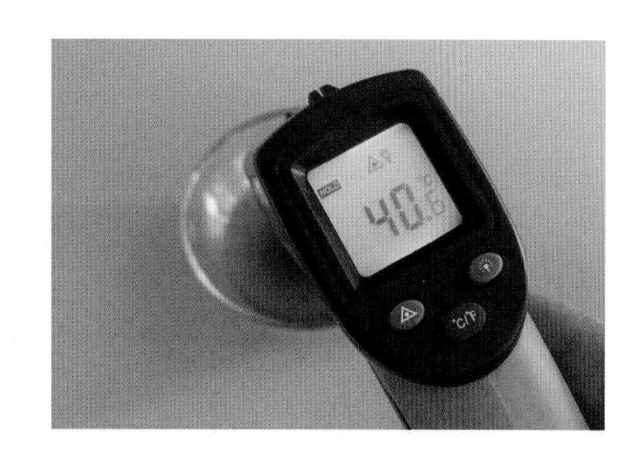

미리 냉장고에서 꺼내두어야 할 것과 따뜻하게 혹은 뜨겁게 사용해야 할 것 등, 각각의 레시피에 맞게 재료의 온도를 맞춰두어야 합니다. 재료의 온도를 맞추지 않으면 반죽이 잘 되지 않고 실패의 원인이 될 수 있습니다.

+ 냉장고에 넣어두었던 달걀은 최소 1시간 정도 실온에 두어 찬기를 빼야 합니다.
+ 레시피에 들어가는 생크림이나 우유가 있다면 실온에 대략 30분 정도 두어 찬기를 빼고 사용해야 합니다.
+ 가루류도 실온에 두어 찬기를 빼고, 체에 쳐서 준비해둡니다.
+ 버터도 실온에 두어 반죽에 넣기 전에 온도를 체크해서 사용해야 합니다.

4 오븐 예열하기

굽는 온도보다 10~30℃ 정도 높여 미리 예열합니다. 오븐을 여는 순간 내부의 열이 확 떨어지기 때문이에요. 예열 온도와 시간은 사용하는 오븐마다 다르니 최적의 온도와 시간을 찾아보세요. 예열하지 않고 피낭시에와 마들렌을 구우면 시간이 오래 걸리고, 시간이 오래 걸리는 만큼 수분 손실이 커 마르고 퍼석한 결과물이 만들어집니다.

베이직
피낭시에 만들기

피낭시에는 17세기 한 수도원에서 수녀들이 달걀흰자를 활용할 방법을 찾다가 최초로 만들게 되었다고 해요. 하지만 우리가 아는 금괴 모양은 19세기 주식거래소 근처에 있던 어느 과자점에서 만들었다고 합니다. 지금은 금괴 모양 이외에도 여러가지 모양으로 만들어지죠. 겉은 바삭하고 속은 촉촉한 '겉바속촉'의 대명사이자 진한 버터 풍미를 느낄 수 있는 피낭시에 만들기를 시작해볼까요? 우선 베이직 피낭시에 레시피를 알려드릴게요.

재료(5개 분량)

달걀흰자 52g

설탕 42g

꿀 12g

아몬드 파우더 25g

박력분 20g

뵈르 누아제트 50g

-

뵈르 누아제트

버터 50g

도구

피낭시에 틀 8.3×4×1.9㎝, 믹싱볼, 체, 거품기, 고무 주걱, 짤주머니, 거품기, 중탕 볼, 냄비, 온도계, 붓, 틀, 식힘망

준비하기

1 달걀은 흰자와 노른자를 분리한 뒤 흰자만 실온 상태로 준비합니다.

◖ 흰자와 노른자를 분리할 때는 가능한 한 달걀이 손에 닿지 않게 작업하세요. 달걀흰자를 담는 용기는 물이나 이물질이 전혀 묻지 않은 깨끗한 것으로 준비합니다.

2 박력분, 아몬드 파우더는 함께 체에 칩니다.

3 틀에 실온 상태의 버터(분량 외)를 붓으로 얇게 바른 뒤 냉장 보관합니다.

4 오븐은 210℃로 예열합니다.

TIP

어떤 틀을 쓰느냐에 따라 버터를 칠하는 방법이 조금씩 달라져요.

1 **굴곡이 많거나 깊은 틀**

이런 틀을 사용하면 반죽이 잘 달라붙을 수 있습니다. 틀에 실온 상태의 버터를 얇게 바르고 그 위에 밀가루를 골고루 체 친 다음 틀을 뒤집고 '탁!' 내리쳐 버터에 달라붙지 않은 여분의 가루를 정리한 뒤 사용합니다.

2 **실리콘 틀**

버터를 칠하지 않아도 잘 떨어지는 틀입니다. 그래도 혹시 예쁘게 떨어지지 않을까 걱정된다면 다른 틀과 마찬가지로 실온 상태의 버터를 얇게 바르는 것도 좋습니다.

뵈르 누아제트 만들기

1 버터를 실온 상태로 준비합니다.

2 냄비에 버터를 담아 불에 올리고 거품기로 잘 섞으며 갈색이 될 때까지 끓이듯 가열합니다.

◖ 이때 불이 냄비 밖으로 나오지 않게 해주세요. 너무 얇은 냄비는 뵈르 누아제트를 만들기에 적당하지 않아요. 버터는 유지방 80%, 수분 16% 정도로 이루어져 있습니다. 뵈르 누아제트를 만들 때 거품이 나며 타닥거리는 소리가 나는 현상은 수분 때문입니다.

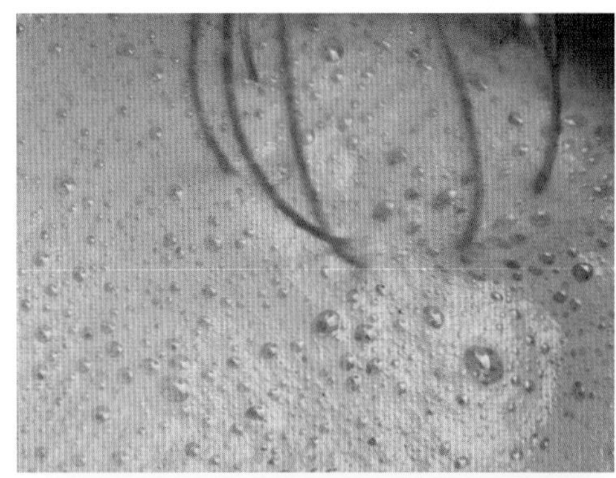

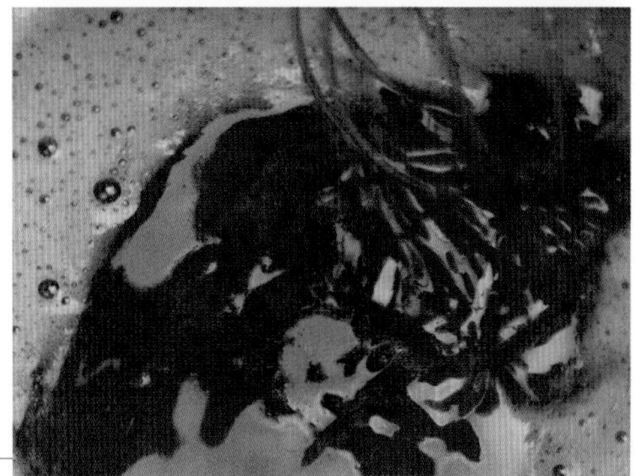

2

4

3 뵈르 누아제트의 최종 상태를 온도계로 체크해 150~190℃로 맞춥니다.

◖ 색을 보며 판단해도 좋아요. 일반적으로 150~190℃ 사이로 완성된 뵈르 누아제트의 풍미가 가장 좋습니다. 200℃가 넘어가면 탄 것으로 간주해 사용하지 않으니 주의하세요.

4 얼음이나 얼음물을 담은 중탕 볼에 냄비를 올리고 온도를 70℃ 이하로 빠르게 내립니다.

TIP

- 뵈르 누아제트는 갈색이 될 때까지 태운 버터를 뜻하는 단어로 헤이즐넛 버터라고도 부릅니다. 피낭시에의 풍미를 높이는 역할을 합니다. 버터를 가열하면 단백질의 아미노산과 당분이 반응하여 메일라드 반응, 일명 갈색화 반응을 일으키며 특유의 구움 향이 생깁니다.
- 이 책에서는 피낭시에의 풍미를 높이기 위하여 갈색의 고형 물질을 모두 사용했습니다. 완성된 뵈르 누아제트는 버터 브랜드에 따라 풍미가 다를 수 있어요.
- 완성한 뵈르 누아제트는 공기가 들어가지 않게 밀폐하여 냉장 보관하다가 사용할 때 덜어내 녹여 쓰면 좋습니다. 냉장 보관 시 일주일 정도 사용 가능합니다.

만들기

1 볼에 달걀흰자를 담고 거품이 날 때까지 거품기로 섞어줍니다.

2 설탕을 넣고 뭉치는 부분이 없게 고루 섞은 뒤 바로 꿀을 넣어 섞으세요.

◖ 이때 설탕을 넣고 과도하게 거품을 낼 필요는 없습니다.

1

2

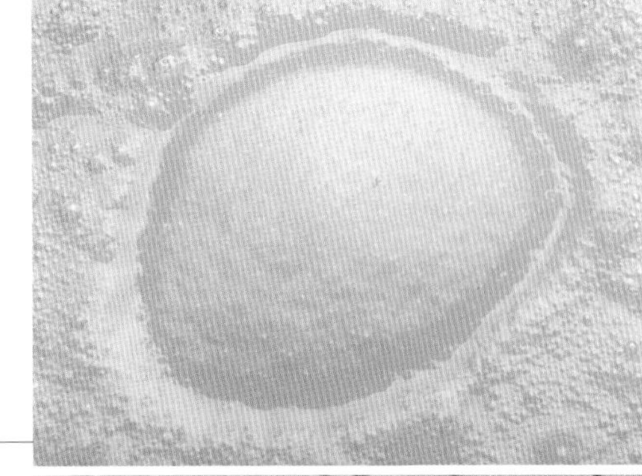

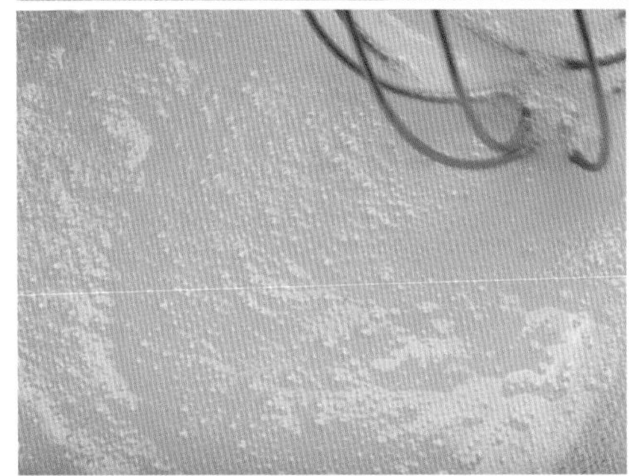

3 체 친 박력분, 아몬드 파우더를 넣고 거품기를 수직으로 세워 원을 그리듯 돌려가며 잘 섞으세요.

4 40℃ 정도로 맞춘 뵈르 누아제트를 넣고 반죽이 매끄러워질 때까지 고루 섞습니다.

5 반죽이 완성되면 누락되는 반죽이 없도록 고무 주걱으로 볼의 옆면을 깔끔하게 정리합니다.

3

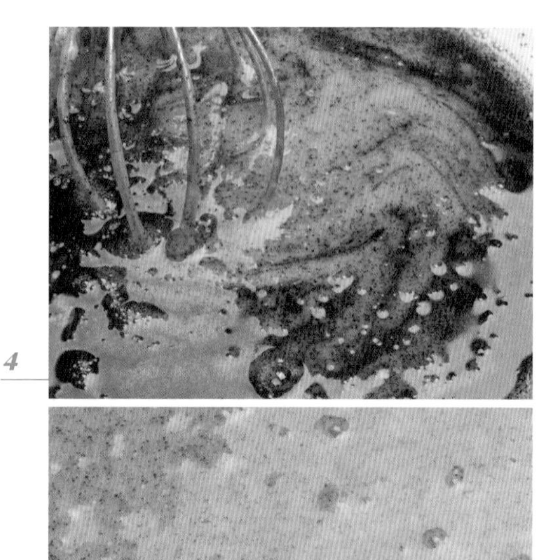

4

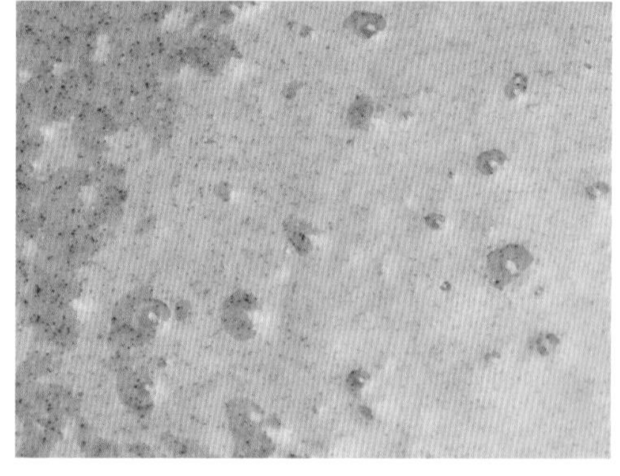

5

6

8

> ### TIP
>
> 오븐에서 나온 피낭시에는 너무 습하지 않는 곳에서 완전히 식힌 뒤 먹는 게 맛이 좋아요. 밀폐용기나 비닐에 밀봉하여 보관하면 바삭한 식감이 사라질 수 있는데, 그럴 땐 170℃의 오븐에서 3분 정도 구운 뒤 드세요. 겉면의 바삭한 식감을 즐기고 싶으면, 만든 당일 드시기를 추천합니다. 깊은 풍미를 제대로 느끼고 싶다면 실온 보관하여 다음 날 드시는 게 좋아요. 이러면 바삭한 식감은 사라지지만 버터의 맛은 첫날보다 더 깊어지거든요. 취향에 따라 선택하기 바랍니다. 견과류를 넣은 피낭시에는 산화가 진행되니, 실온에서 오래 보관하는 건 좋지 않습니다.

6 반죽을 짤주머니에 담아 버터 칠을 해둔 피낭시에 틀에 80~90% 채웁니다.

7 210℃로 예열한 오븐에서 8분간 구운 뒤 오븐의 온도를 170℃로 조정하여 8분간 더 굽습니다.

◖ 중간에 팬을 앞뒤로 바꾸어 구움색이 고르게 나도록 만들어줍니다.

8 오븐에서 꺼낸 피낭시에를 틀에서 바로 분리한 뒤 식힘망 위에 올려 완전히 식힙니다.

베이직
마들렌 만들기

마들렌은 프랑스의 대표적인 구움과자입니다. 가운데가 볼록 튀어나온 특유의 가리비 모양으로 구워 만들죠. 마들렌의 정확한 기원은 알려져 있지 않지만 18세기 중반 프랑스 로렌 지방에서 시녀로 일하던 마들렌이라는 이름의 소녀와 연관이 있다고 보는 것이 일반적이에요.
마들렌을 만드는 방법은 구움과자 중에서도 비교적 간단합니다. 레시피만 잘 따라 하면 누구나 쉽게 맛있는 마들렌을 만들 수 있어요. 베이직 마들렌을 마스터한 다음, 책에 수록된 10개의 마들렌 만들기도 성공해보세요!

재료(8개 분량)

달걀 62g

설탕 68g

꿀 5g

박력분 60g

아몬드 파우더 10g

베이킹파우더 2g

버터 60g

생크림 10g

도구

플렉시판 마들렌 8구, 믹싱볼, 체, 거품기, 고무주걱, 짤주머니, 온도계, 붓, 틀, 식힘망

준비하기

1. 달걀은 잘 풀어 실온 상태로 준비합니다.
2. 박력분, 아몬드 파우더, 베이킹파우더는 체에 쳐 준비합니다.
3. 버터는 전자레인지에 녹여서 60℃ 정도로 준비합니다.
4. 생크림은 실온 상태로 준비합니다.
5. 틀에 실온 상태의 버터(분량 외)를 칠한 뒤, 냉장 보관합니다.
6. 오븐은 180℃로 예열합니다.

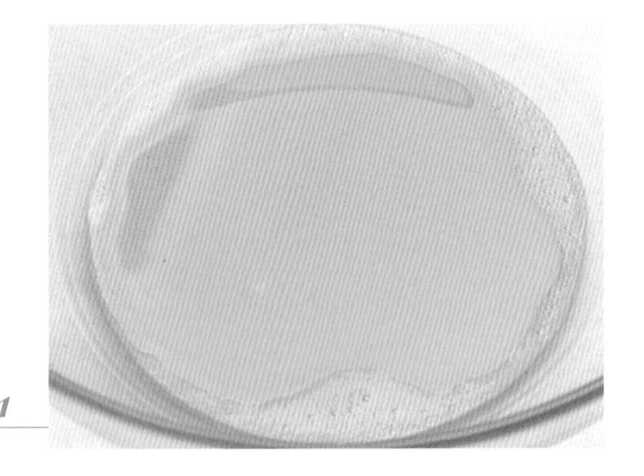

1

2

3

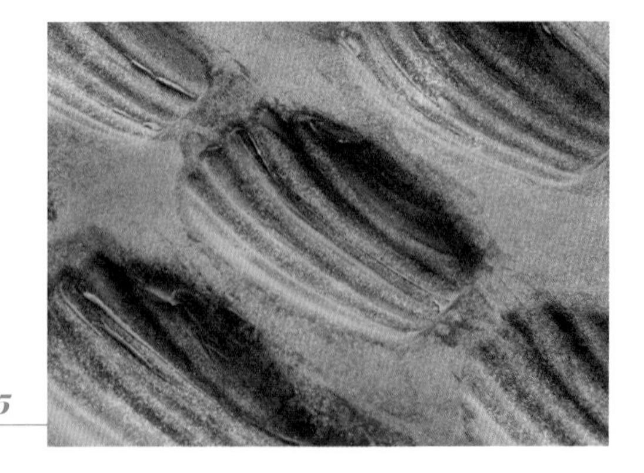

5

만들기

1 볼에 달걀을 넣고 거품기로 고루 풉니다.

◖ 이미 달걀을 풀어 준비해두었지만 반죽을 만들기 전에 달걀을 마지막으로 충분히 풀어주는 것이 좋아요.

2 설탕을 붓고 거품기로 충분히 섞다가 꿀을 넣고 고루 섞으세요.

◖ 이때 설탕을 넣고 과도하게 거품을 낼 필요는 없습니다.

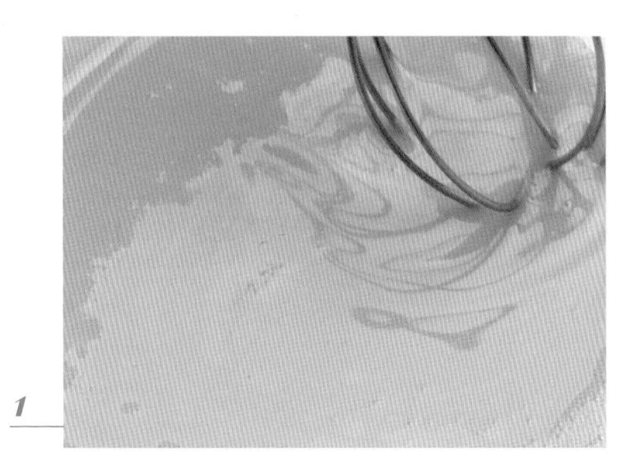

1

2

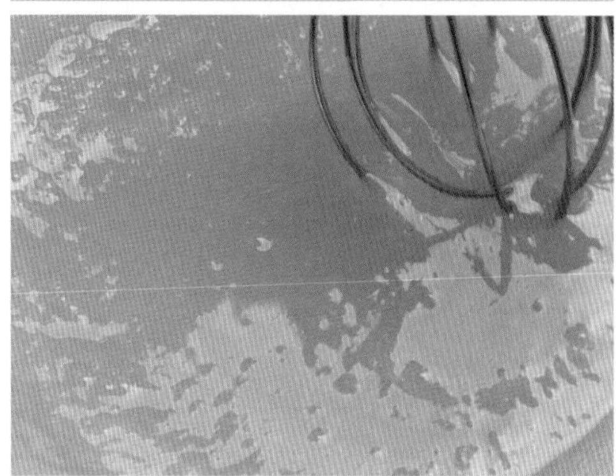

3 체 친 박력분, 아몬드 파우더, 베이킹파우더를 넣고 반죽이 매끄러워질 때까지 고루 섞습니다.

4 60℃ 정도로 녹인 버터를 넣고 고루 섞으세요.

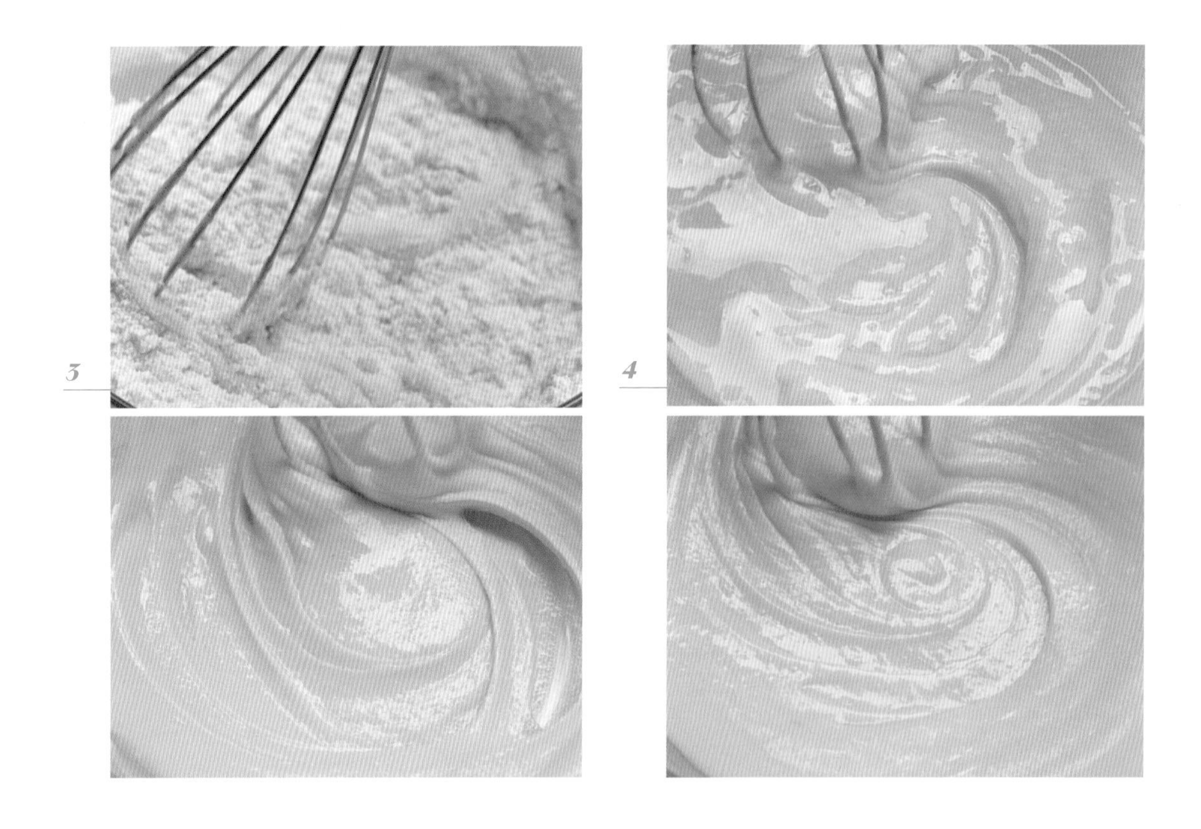

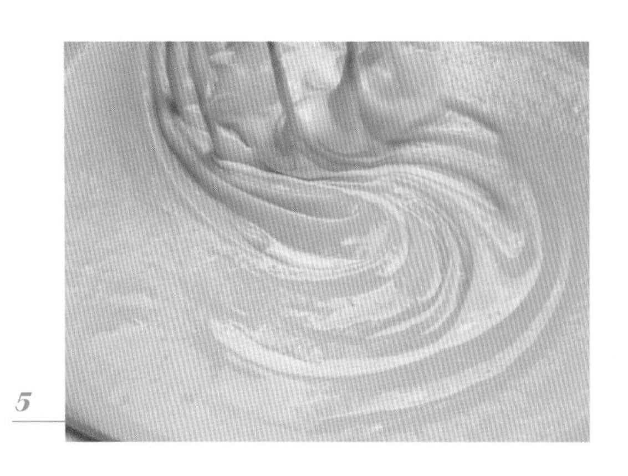

5

6

5 생크림을 반죽에 붓고 고루 섞습니다.

◖ 너무 과하게 반죽을 섞으면 공기가 많이 들어가 구멍이 많은 마들렌이 될 수 있어요.

6 반죽이 완성되면 누락되는 반죽이 없도록 고무 주걱으로 볼의 옆면을 깔끔하게 정리합니다.

7 볼에 랩을 씌워 반죽을 냉장실에서 1시간가량 휴지합니다.

8 냉장 휴지한 반죽을 고무 주걱으로 가볍게 섞은 뒤, 짤주머니에 담습니다.

◖ 냉장 휴지 중 조금 분리되었던 반죽을 가볍게 풀어줘야 부드러운 마들렌이 나옵니다.

7

8

9 마들렌 틀에 반죽을 80~90% 채우고 180℃로 예열한 오븐에서 11분간 굽습니다.

◖ 중간에 팬을 앞뒤로 바꾸어 구움색이 고르게 나도록 만들어줍니다.

10 오븐에서 꺼낸 마들렌을 틀에서 바로 분리한 뒤 식힘망 위에 올려 완전히 식힙니다.

◖ 오븐에서 꺼낸 마들렌은 바로 틀에서 분리해야 수축되지 않아요. 그렇지만 식힘망에서 식히는 도중 반죽 무게에 눌려 배꼽이 꺼질까 봐 걱정된다면 한김 식혔다 틀에서 분리해도 괜찮습니다. 이러면 배꼽 모양이 잘 유지된답니다.

TIP

촉촉한 식감을 즐기고 싶다면 완성된 마들렌을 밀폐용기에 담아 실온에 두었다가 다음 날 드시기를 추천합니다. 실온 보관 후 하루가 지나면 깊은 풍미가 생긴답니다.

보관 기간 : 실온 1주, 냉장 1주, 냉동 1달

9

10

반죽 실패의 원인과 해결 방법

베이킹을 실패하는 이유와 그에 대한 원인, 해결법을 정리했습니다. 사소하게 생각되는 과정 하나하나를 소홀히 하지 마세요. 레시피를 따라 차근차근 만들다 보면 완벽한 반죽이 될 겁니다. 이외에 베이킹을 하다 보면 생기는 기본적인 궁금증들도 함께 정리했습니다.

피낭시에 반죽이 잘 안 섞여요!

각 재료의 적정 온도를 지키지 않으면 반죽이 잘 섞이지 않을 수 있습니다. 잘 섞이지 않은 반죽은 오븐에 들어가서도 충분히 부풀지 못하고, 식감도 나쁩니다. 잘못된 반죽은 냉장 휴지 시간을 아무리 오래 주더라도 제대로 완성되지 못해요. 특히 버터 온도가 낮으면 버터가 겉돌아 재료가 잘 섞이지 않고, 구워져 나왔을 때도 기름이 배어나오며 맛이 떨어집니다.

반죽 온도가 정상일 때 반죽 상태

반죽 온도가 낮을 때 반죽 상태

피낭시에가 너무 딱딱해요!

밀가루, 아몬드 파우더 등의 가루 재료를 반죽에 넣고 너무 과하게 섞으면 글루텐이 생성됩니다. 글루텐은 열을 가하면 딱딱하게 굳어버리는 성질이 있어, 피낭시에를 딱딱하고 퍼석하게 만듭니다. 그러니 피낭시에를 만들 때는 너무 완벽하게 섞기보다 날가루가 살짝 보이고 조금 덜 섞였다 싶을 때 따뜻한 뵈르 누아제트를 넣고 마무리하는 게 좋습니다. 너무 과하게 섞는 건 좋지 않아요.

밀가루를 실수로 많이 넣었어요.

괜찮습니다. 가루 재료의 총량에서 밀가루의 비중을 늘리면, 식감은 조금 폭신해지고 고소한 풍미는 약해집니다.

수분이 없고 너무 푸석푸석해요.

오븐의 온도를 미리 예열해두지 않고 오래 구웠을 때 이런 현상이 발생합니다. 오븐을 예열하지 않고 피낭시에와 마들렌을 구우면, 굽는 시간이 오래 걸리고 그 과정에서 수분 손실이 생겨, 마르고 푸석푸석한 결과물이 나오기 쉽습니다.

구움색이 한쪽만 나는 피낭시에

구움색이 한쪽만 제대로 나와요.

오븐은 안쪽과 바깥쪽, 위아래의 온도가 균일하지 않습니다. 예를 들어 같은 팬에서도 오븐 안쪽은 문 쪽보다 구움색이 진해지는 걸 확인할 수 있을 거예요. 피낭시에와 마들렌이 거의 다 구워졌을 때 팬을 전후좌우로 바꿔 넣어보세요.

구움색이 고르게 나는 피낭시에

뵈르 누아제트 온도가 중요한가요?

뵈르 누아제트 온도가 너무 낮으면 반죽이 잘 섞이지 않습니다. 뵈르 누아제트를 반죽에 넣을 때의 적정 온도는 40~70℃ 사이입니다. 그래야 반죽이 유화가 잘되고 잘 섞입니다.

뵈르 누아제트 만들기가 너무 귀찮아요. 버터를 전자레인지에 녹여서 넣어도 되나요?

버터를 녹이기만 해서 넣는다면 피낭시에 특유의 진한 버터 향이 약해져 조금은 밋밋한 맛이 날 수 있습니다. 같은 양의 버터를 녹여서 사용한다 해도, 뵈르 누아제트를 넣은 피낭시에에 비해 풍부한 버터 향을 느낄 수는 없을 거예요.

충분한 예열 후 구운 피낭시에

피낭시에 속이 덜 익은 것 같아요.

오븐 예열 없이 구웠거나 굽는 시간이 짧으면 반죽이 익지 않을 수 있습니다. 오븐 내에 열기가 고르게 퍼지게끔 10분 이상 충분히 예열하는 것이 중요합니다. 그리고 레시피에 안내된 시간만큼 굽다가 꺼내기 대략 5분 전에 팬의 앞뒤를 바꿔주세요. 그래야 구움색이 고르게 나며 완전히 구워진 피낭시에를 드실 수 있어요.

피낭시에는 베이킹파우더를 넣지 않나요?

피낭시에 반죽은 점성이 약해 수분이 기화하는 힘만으로도 충분히 팽창이 잘 됩니다. 물론 마들렌이나 파운드케이크와 비교하면 덜 부풀지만, 그게 바로 피낭시에의 특징이자 매력이에요.

피낭시에의 겉이 다 타버렸는데 속은 다 익지 않았어요.

구울 때 오븐 온도를 조절해서 굽지 않고 고온으로 짧게 구웠기 때문이에요. 피낭시에의 바삭한 식감을 살리기 위해 마들렌과 달리 구울 때 고온에서 절반, 온도를 낮춰서 절반 정도 굽습니다.

마들렌 만들 때 버터 온도 맞추기가 너무 힘들어요. 꼭 맞춰야 하나요?

버터 온도를 맞추는 것은 반죽을 매끈하게 잘 섞기 위함입니다. 잘 섞는다는 건 유화를 잘 시킨다는 의미도 됩니다. 여기서 주의할 점은 버터의 온도가 너무 낮으면 반죽을 잘 혼합하기 어렵고, 반대로 버터의 온도가 지나치게 높으면 반죽이 미리 익을 수 있다는 점입니다. 제시한 범위 내의 버터 온도를 반드시 잘 지켜주세요.

녹인 버터를 온도계로 측정

배꼽이 잘 나온 마들렌

마들렌 배꼽이 안나와요.

베이킹파우더의 양이 너무 적거나 안 들어갔을 수 있어요. 레시피대로 계량했는지 먼저 확인하세요. 그리고 휴지 시간을 잘 지켜야 합니다. 반죽을 틀에 너무 많이 채워도 배꼽이 잘 나오지 않을 수 있습니다. 본인이 만드는 과정이 레시피에 나온 사진과 비슷하게 진행되고 있는지 비교해보는 것도 좋아요.

마들렌이 딱딱해요.

반죽을 냉장 휴지하는 이유는 재료의 안정화를 높이기 위해서입니다. 휴지하면 반죽하는 동안 생긴 글루텐도 풀리고, 반죽 전체에 고르게 수분이 퍼진답니다. 여기서 중요한 건 냉장 휴지가 끝난 뒤 짤주머니에 담아 팬에 담기 직전에 반죽을 가볍게 섞어야 한다는 점입니다. 냉장 휴지 중 조금씩 분리되었던 반죽을 가볍게 풀어줘야 부드러운 마들렌이 나옵니다. 냉장 휴지한 반죽을 섞지 않고 짤주머니에 담으면 버터가 분리된 상태로 구워지므로 마들렌이 딱딱해집니다. 반죽 온도가 낮아 잘 섞이지 않을 경우 실온에 두어 온도를 조금 높인 뒤 섞으세요.

적당히 채운 마들렌

마들렌 반죽이 옆으로 퍼져요.

반죽을 틀에 너무 많이 채웠거나, 계량이 잘못되어 반죽이 질어지면 이런 현상이 나타납니다. 휴지 시간을 지키고 틀에 반죽을 담을 때는 80~90% 정도만 채우는 게 적당해요.

마들렌을 초콜릿 커버처로 코팅했는데 틀에서 잘 떨어지지 않아요.

코팅할 초콜릿 커버처의 온도를 30℃ 정도로 맞추고 마들렌은 완전히 식힌 상태에서 작업해야 해요. 작업이 끝나면 냉동실에 10분 정도 두어 완전히 굳힌 후 틀을 뒤집어 '탁탁!' 내리쳐보세요. 초콜릿이 수축돼서 틀에서 잘 떨어질 거예요.

마들렌이 매끄럽지 않아요. 미세한 구멍도 많고요.

반죽을 만들 때 과하게 섞어 공기가 너무 많이 들어가거나 휴지 시간이 충분하지 않으면 구멍이 난 마들렌이 될 수 있어요. 너무 과한 공기는 퍼석한 식감의 원인이기도 합니다.

실리콘과 특수 유리섬유로 만들어진 플렉시판 틀로 바꿨는데 마들렌이 잘 떨어지지 않아요.

길들지 않은 새 제품일 때 마들렌이 틀에서 깨끗하게 떨어지지 않을 수 있어요. 굽기 전 녹인 버터를 붓으로 고르게 바르고, 덧가루를 뿌려 털어낸 다음 반죽을 채워 구워보세요. 20구 마들렌 플렉시판 틀에 10개를 구울 때 반으로 잘라 쓰는 경우가 있어요. 하지만 자르는 과정에서 미세한 유리 파편이 나와 위험하기 때문에 추천하지 않습니다. 2구 틀에 10개만 구울 때는 빈 틀에 물을 채워 사용하세요. 빈 틀이 오븐 열에 바로 닿으면 실리콘 막이 얇아져 틀의 수명이 짧아져요. 플렉시판 틀은 일반 틀에 비해 보관이나 세척이 간편해요. 다 굽고 난 플렉시판 틀은 따뜻한 물에 세제 없이 닦아내고 물기를 제거해 보관하면 됩니다.

오븐은 어떤 걸 사용하는 게 좋나요?

가정에서 가장 많이 사용하는 오븐 종류로는 바람의 열로 굽는 컨벡션 오븐과 열선을 달궈 굽는 가정용 오븐이 있습니다. 오븐 온도만 잘 지켜준다면 가정용 오븐으로도 맛있게 구울 수 있어요. 참고로 이 책에서는 컨벡션 오븐 우녹스를 사용하였습니다.

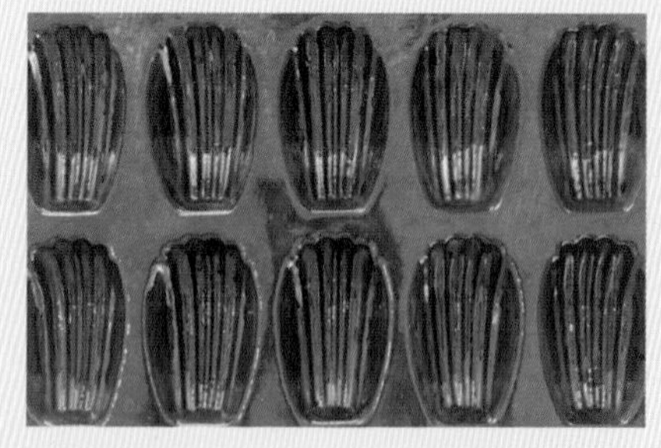

플렉시판 틀

피낭시에 반죽은 냉장 휴지를 하지 않는데 마들렌 반죽은 왜 냉장 휴지 하나요?

피낭시에 반죽에는 견과류 가루가 많이 들어가 굳이 휴지하지 않아도 맛있게 잘 만들어집니다. 하지만 마들렌은 냉장 휴지를 해야 녹았던 버터가 안정화되고 나머지 재료가 충분히 섞여 굽기 적당한 반죽이 됩니다. 그대로는 반죽이 묽어 틀에 채우도 어렵지요. 휴지 시간이 짧거나 휴지하지 않으면 배꼽도 안정적으로 잘 나오지 않습니다. 마들렌 반죽은 최소 1시간에서 최대 1일 정도 냉장 휴지가 가능합니다.

마들렌의 배꼽은 어떻게 나오는 건가요?

베이킹파우더가 오븐에 들어가 열을 받으면 반죽 내에서 가스를 생성하여 반죽의 부피를 부풀립니다. 이때 가장자리부터 익어가다가 가운데 부분이 마지막으로 익으면서 부풀어 오른답니다.

물엿 대신 꿀을 넣으면 안 되나요?

꿀은 물엿보다 당도가 높아 같은 양을 넣으면 피낭시에나 마들렌이 조금 달아질 수 있습니다. 그럴 땐 레시피에서 설탕을 조금 줄여보세요.

오븐 속의 마들렌이 다 구워졌는지 궁금합니다.

꼬치로 마들렌의 가운데 배꼽 부분을 찔러보았을 때 반죽이 묻어나지 않으면 다 구워진 거예요. 또는 부풀어 오른 배꼽 부분을 손으로 눌러보았을 때 탄력이 느껴지고 꺼지지 않는다면 다 구워진 겁니다.

배꼽이 잘 나온 마들렌

PART 2

쉽고 맛있는
피낭시에 & 마들렌
레시피 20

Let's Make an Easy
Financier & Madeleine

테스트를 거쳐 엄선한 피낭시에와 마들렌 레시피 20개를 공개합니다.

카페에서 판매되는 레시피도 있답니다. 쉽지만 맛있게 만들 수 있는 다양한 레시피를 만나보세요.

모두에게 달콤하고 소중한 시간이 되길 바랍니다.

단호박 피낭시에

Sweet Pumpkin Financier

달달한 단호박이 듬뿍 들어간 피낭시에입니다. 단면을 자르면 고운 주황색 단호박이 쏙쏙 박혀 있죠. 단호박은 단맛이 강해 디저트를 만들 때 아주 제격인 채소예요. 아낌없이 넣어 건강한 피낭시에를 만들어보세요.

Afternoon with

Sweet Pumpkin Financier

재료

(플렉시판 FP4206 6구)

달걀흰자 65g

설탕 45g

꿀 13g

아몬드 파우더 27g

박력분 18g

단호박 가루 5g

뵈르 누아제트 65g

-

단호박 구이

단호박 80g

꿀 15g

넛맥 조금(생략 가능)

-

단호박 글레이즈

단호박 가루 10g

분당 240g

물 72g

준비하기

1 노른자와 분리한 달걀흰자는 실온 상태로 준비합니다.

2 박력분, 단호박 가루, 아몬드 파우더는 함께 체에 칩니다.

3 뵈르 누아제트를 만들어둡니다. (만드는 방법은 p.41 참고)

4 단호박 구이는 미리 만들어 식혀둡니다.

5 틀에 실온 상태의 버터(분량 외)를 칠한 뒤, 냉장 보관합니다.

6 오븐은 210℃로 예열합니다.

단호박 구이 만들기

1 단호박은 씨를 제거하고 한입 크기로 잘게 자르세요.

2 단호박을 꿀과 버무린 후 넛맥을 뿌리고 180℃로 예열한 오븐에서 10분간 굽습니다. 단호박은 완전히 익혀야 합니다. 덜 익은 상태로 반죽에 넣으면 구운 후에도 단호박이 덜 익은 상태 그대로라 식감과 맛이 좋지 않습니다.

◖ 남은 단호박은 씨와 타래를 깨끗하게 긁어내고 키친타월에 싸서 냉장 보관하면 보관 기간이 길어집니다.

1 볼에 달걀흰자를 담고 거품이 날 때까지 거품기로 섞어 줍니다.

2 설탕을 넣고 뭉치는 부분이 없게 고루 섞은 뒤 바로 꿀을 넣어 섞으세요.

◖ 이때 설탕을 넣고 과도하게 거품을 낼 필요는 없습니다.

1

2

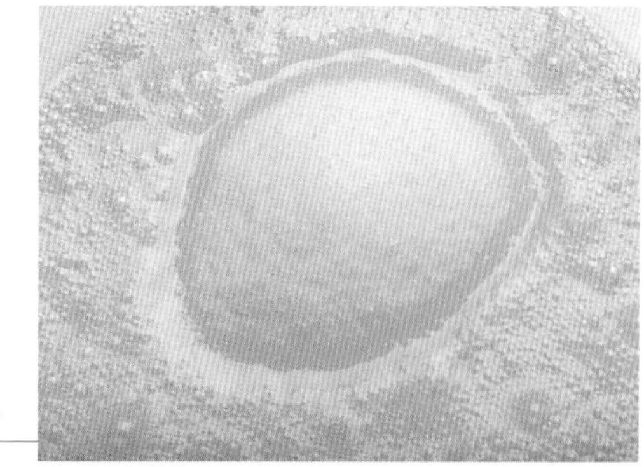

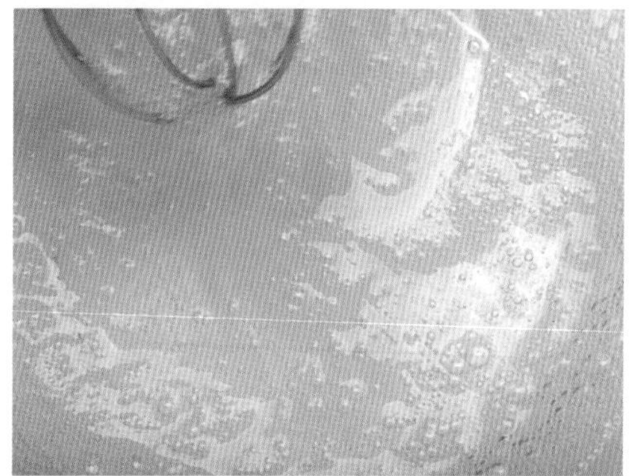

3 체 친 박력분, 단호박 가루, 아몬드 파우더를 넣고 거품기를 수직으로 세워 원을 그리듯 돌려가며 잘 섞으세요.

4 40℃ 정도의 뵈르 누아제트를 넣고 반죽이 매끄러워질 때까지 고루 섞습니다.

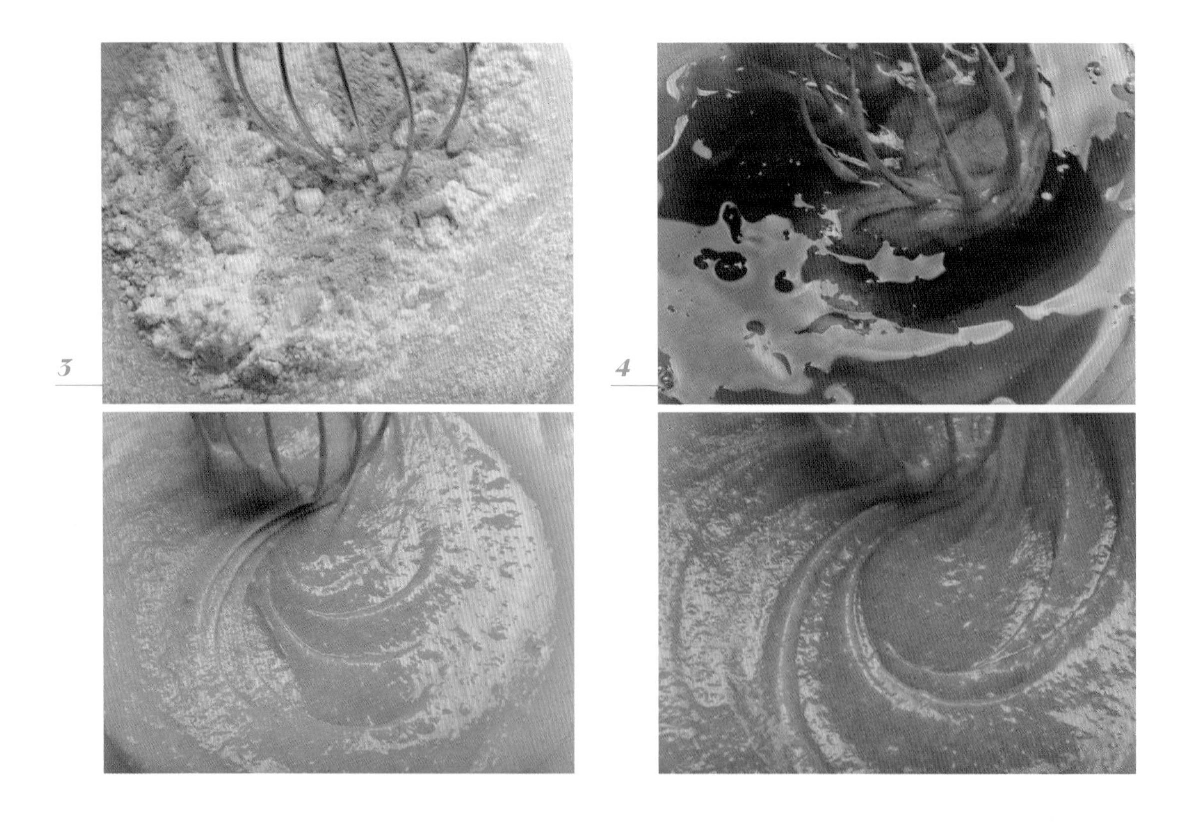

5 반죽에 단호박 구이를 넣고 고무 주걱으로 가볍게 섞으세요.

6 반죽이 완성되면 누락되는 반죽이 없도록 고무 주걱으로 볼의 옆면을 깔끔하게 정리합니다.

5

6

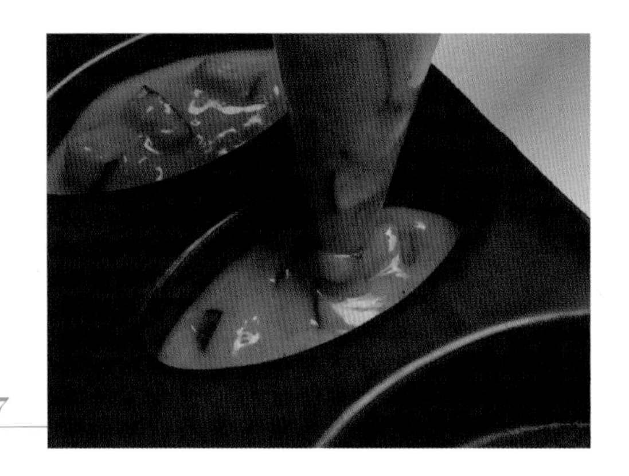

7

9

7 완성된 반죽을 짤주머니에 담아 버터 칠을 해둔 틀에 채웁니다.

8 210℃로 예열한 오븐에서 8분간 구운 뒤 오븐의 온도를 170℃로 조정하여 5분간 더 굽습니다.

◖ 중간에 팬을 앞뒤로 바꾸어 구움색이 고르게 나도록 만들어줍니다.

9 **단호박 글레이즈 만들기**

볼에 분량의 재료를 모두 넣고 섞어줍니다.

10 오븐에서 꺼낸 피낭시에를 틀에서 바로 분리한 뒤 식힘망 위에 올려 완전히 식힙니다.

11 완전히 식은 피낭시에 위에 단호박 글레이즈를 뿌립니다.

◖ 완전히 식지 않은 피낭시에에 글레이즈를 뿌리면 글레이즈가 굳지 않고 흘러내릴 수 있어요.

◖ 글레이즈의 온도가 너무 낮으면 두껍게 코팅되어 너무 달아지고 온도가 높으면 굳히는 시간이 오래 걸려요.

10

11

크럼블 피낭시에

Crumble Financier

바삭한 피낭시에에 크럼블을 더해 고소하고 풍성한 맛의 매력까지 더했어요. 피낭시에에 시럽을 적게 바를수록 크럼블의 식감이 살아나 맛이 더 좋아집니다. 크럼블 피낭시에의 매력이 궁금하다면 지금 만들어보세요.

Crumble

in Financier

재료

(플렉시판 끄넬 18구 9개 분량)

달걀흰자 72g

설탕 53g

꿀 15g

아몬드 파우더 30g

박력분 20g

뵈르 누아제트 75g

-

크럼블

박력분 30g

아몬드 파우더 30g

황설탕 25g

버터 30g

-

시럽 적당량

준비하기

1 노른자와 분리한 달걀흰자는 실온 상태로 준비합니다.

2 박력분, 아몬드 파우더는 함께 체에 칩니다.

3 뵈르 누아제트를 만들어둡니다. (만드는 방법은 p.41 참고)

4 크럼블은 미리 만들어 식혀둡니다.

5 틀에 실온 상태의 버터(분량 외)를 칠한 뒤, 냉장 보관합니다.

6 오븐은 210℃로 예열합니다.

크럼블 만들기

1 볼에 모든 재료를 담고 반죽이 쌀알 정도의 크기가 될 때까지 손으로 비빕니다.

2 반죽을 팬에 펼치고 170℃의 오븐에서 6분간 구웠다 식힌 뒤 곱게 다져 준비합니다.

◖ 크럼블을 넉넉히 만들어 냉동실에 넣어두면 최대 1달 정도 사용 가능해요.

만들기

1 볼에 달걀흰자를 담고 거품이 날 때까지 거품기로 섞어줍니다.

2 설탕을 넣고 뭉치는 부분이 없게 고루 섞은 뒤 바로 꿀을 넣어 섞으세요.

◖ 이때 설탕을 넣고 과도하게 거품을 낼 필요는 없습니다.

1

2

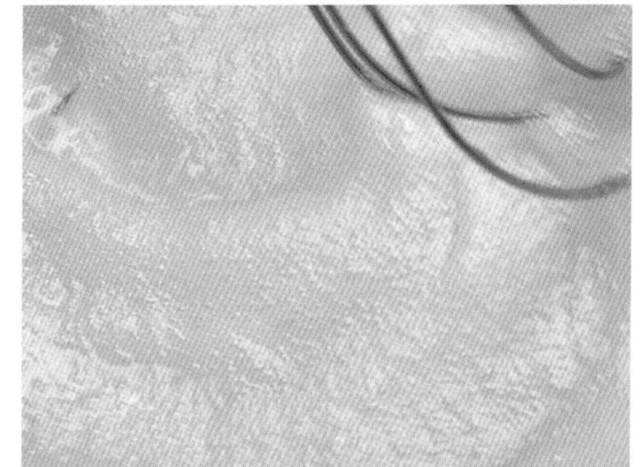

3 체 친 박력분, 아몬드 파우더를 넣고 거품기를 수직으로 세워 원을 그리듯 돌려가며 잘 섞으세요.

4 40℃ 정도의 뵈르 누아제트를 넣고 반죽이 매끄러워질 때까지 고루 섞습니다.

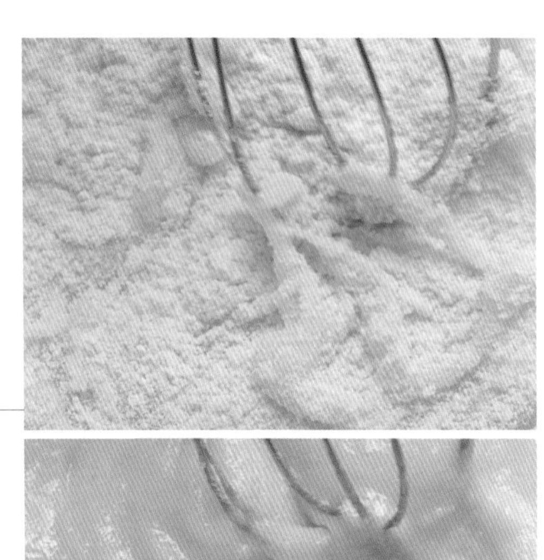

3

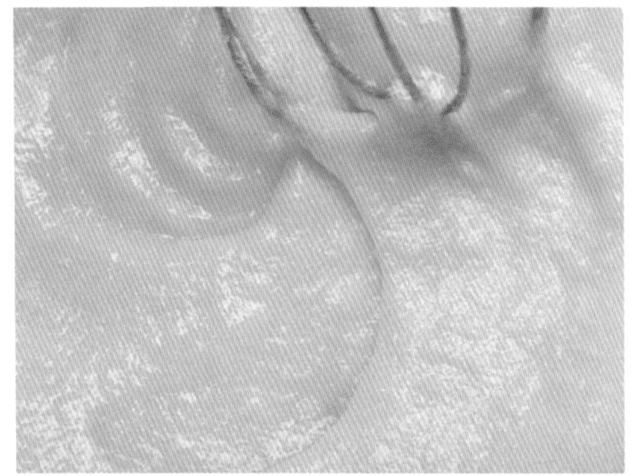

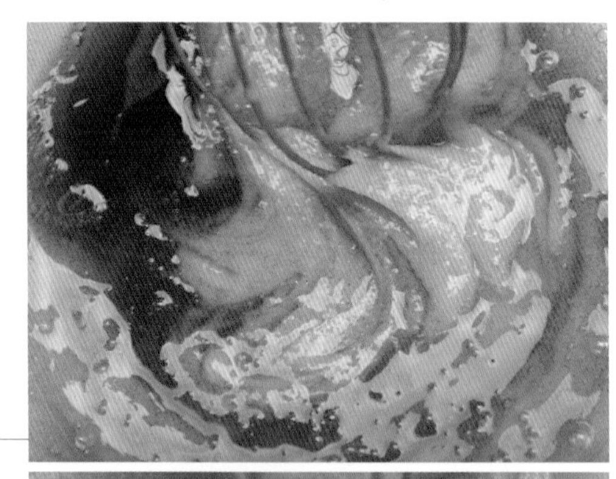

4

5

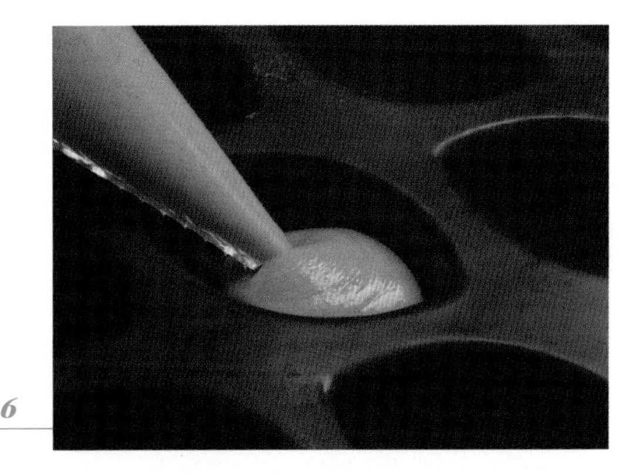
6

8

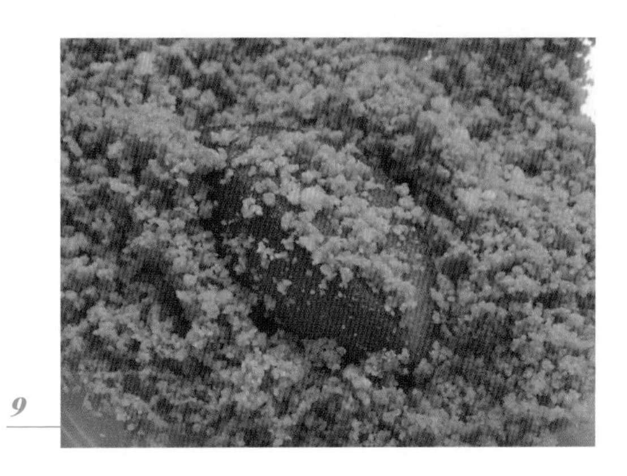
9

5 반죽이 완성되면 누락되는 반죽이 없도록 고무 주걱으로 볼의 옆면을 깔끔하게 정리합니다.

6 완성된 반죽을 짤주머니에 담아 버터 칠을 해둔 틀에 채웁니다.

7 210℃로 예열한 오븐에서 6분간 구운 뒤 오븐의 온도를 170℃로 조정하여 7분간 더 굽습니다.

◖ 중간에 팬을 앞뒤로 바꾸어 구움색이 고르게 나도록 만들어줍니다.

8 오븐에서 꺼낸 피낭시에를 틀에서 바로 분리한 뒤 식힘망 위에 올려 완전히 식힙니다.

9 완전히 식은 피낭시에에 시럽을 고르게 바른 뒤 크럼블을 묻혀 마무리합니다.

치즈 피낭시에

Cheese Financier

따뜻할 때 먹으면 듬뿍 넣은 치즈가 더 매력적으로 느껴지는 피낭시에입니다. 오븐에서 꺼내 한 김 식으면 바로 먹어보세요. '따뜻한 피낭시에가 이렇게 맛있었나?' 하는 생각이 들 거예요. 취향에 맞게 다른 치즈를 넣어 나만의 피낭시에를 만들어도 좋아요.

Cheese

재료

(매트퍼 오발 피 낭시에틀 5개 분량)

달걀흰자 40g

설탕 28g

꿀 10g

소금 1g

아몬드 파우더 16g

박력분 15g

뵈르 누아제트 35g

콜비잭 치즈 50g

준비하기

1 노른자와 분리한 달걀흰자는 실온 상태로 준비합니다.

2 박력분, 아몬드 파우더는 함께 체에 칩니다.

3 콜비잭 치즈는 사방 1㎝ 크기로 깍둑썰기합니다.

4 뵈르 누아제트를 만들어둡니다. (만드는 방법은 p.41 참고)

5 틀에 실온 상태의 버터(분량 외)를 칠한 뒤, 냉장 보관합니다.

6 오븐은 210℃로 예열합니다.

TIP

콜비잭 치즈가 구하기 어렵다면 모차렐라 치즈와 체다 치즈를 섞어 넣어도 맛이 좋습니다. 치즈 양이 많다면 취향에 따라 조금 줄여도 괜찮아요.

만들기

1 볼에 달걀흰자를 담고 거품이 날 때까지 거품기로 섞어줍니다.

2 설탕을 넣고 뭉치는 부분이 없게 고루 섞은 뒤 바로 꿀을 넣어 섞으세요.

◖ 이때 설탕을 넣고 과도하게 거품을 낼 필요는 없습니다.

1

2

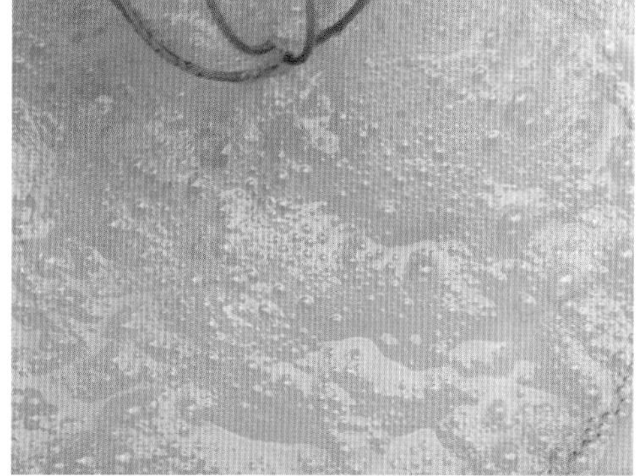

3 체 친 박력분, 아몬드 파우더와 소금을 넣고 거품기를 수직으로 세워 원을 그리듯 돌려가며 잘 섞으세요.

4 40℃ 정도의 뵈르 누아제트를 넣고 반죽이 매끄러워질 때까지 고루 섞습니다.

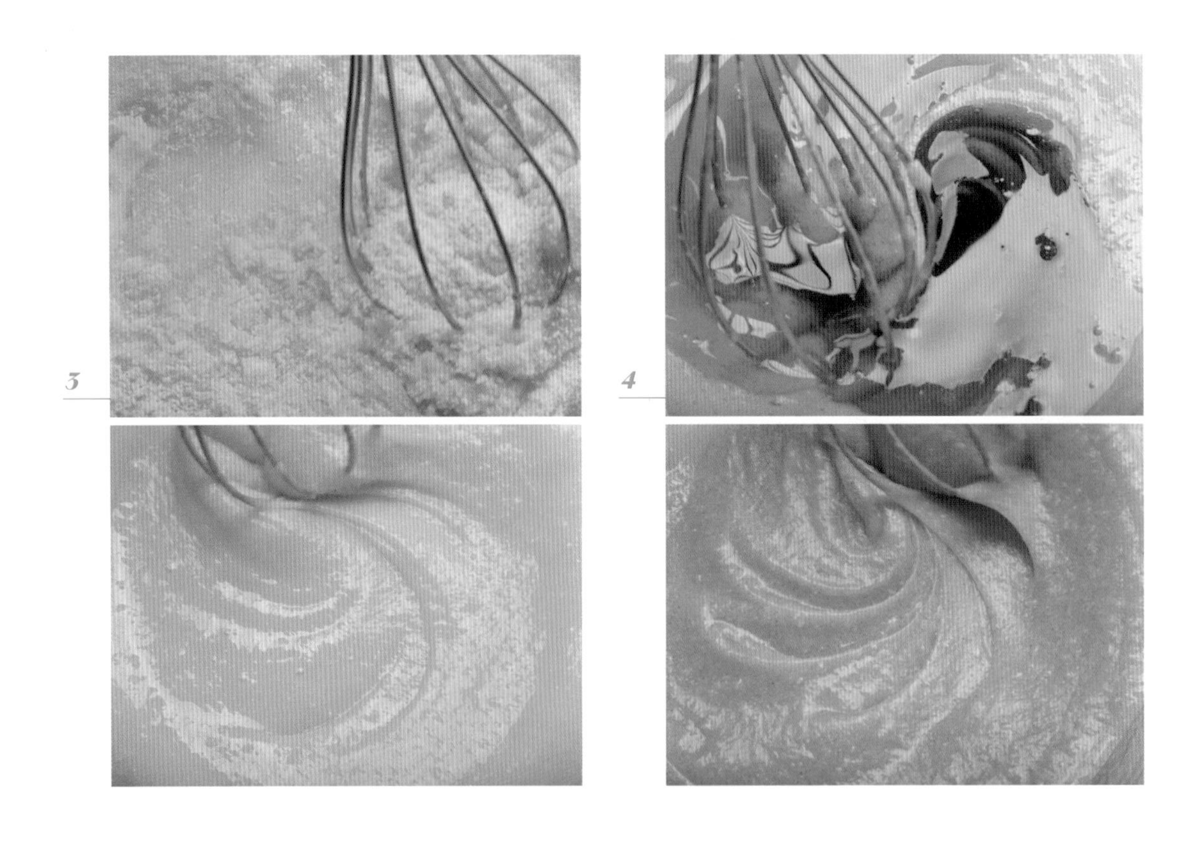

5 반죽에 콜비잭 치즈를 넣고 고무 주걱으로 가볍게 섞으세요.

6 반죽이 완성되면 누락되는 반죽이 없도록 고무 주걱으로 볼의 옆면을 깔끔하게 정리합니다.

7 완성된 반죽을 짤주머니에 담아 버터 칠을 해둔 틀에 채웁니다.

◖ 오븐에 굽기 전, 반죽 위에 토핑하듯 치즈를 뿌리면 좀 더 색다른 식감의 치즈 피낭시에를 만들 수 있어요.

5

6

7

8 210℃로 예열한 오븐에서 4분간 구운 뒤 오븐의 온도를 170℃로 조정하여 5분간 더 굽습니다.

◖ 중간에 팬을 앞뒤로 바꾸어 구움색이 고르게 나도록 만들어줍니다.

9 오븐에서 꺼낸 피낭시에를 틀에서 바로 분리한 뒤 식힘망 위에 올려 완전히 식힙니다.

9

로투스 피낭시에

Lotus Financier

카페에서 커피와 함께 내주곤 하는 로투스 쿠키는 왠지 투박한 듯 센스 있는 느낌이 있지요. 그런 로투스 쿠키처럼 센스 있는 피낭시에를 만들고 싶었어요. 만들기는 쉬운데 멋 부린 것 같은 느낌으로요. 로투스 쿠키의 맛을 더욱 살려 주는 크림이 포인트인 피낭시에입니다.

PICK UP THE FINANCIER!

재료

(피낭시에 틀 1구 8.3X4X1.9㎝ 5개 분량)

달걀흰자 53g

설탕 40g

꿀 11g

아몬드 파우더 23g

박력분 20g

소금 1g

뵈르 누아제트 52g

로투스 쿠키(반죽용) 25g

로투스 쿠키(토핑용) 10g

-

로투스 크림

생크림 100g

로투스 스프레드 15g

로투스 쿠키 10g

준비하기

1 노른자와 분리한 달걀흰자는 실온 상태로 준비합니다.

2 박력분, 아몬드 파우더는 함께 체에 칩니다.

3 뵈르 누아제트를 만들어둡니다. (만드는 방법은 p.41 참고)

4 반죽과 크림에 섞을 로투스 쿠키는 굵직하게 다져둡니다.

5 로투스 크림을 만들어둡니다.

6 틀에 실온 상태의 버터(분량 외)를 칠한 뒤, 냉장 보관합니다.

7 오븐은 210℃로 예열합니다.

로투스 크림 만들기

1 생크림과 로투스 스프레드를 거품기로 섞어 단단한 크림을 만듭니다.

2 다진 로투스 쿠키를 넣어 섞으세요.

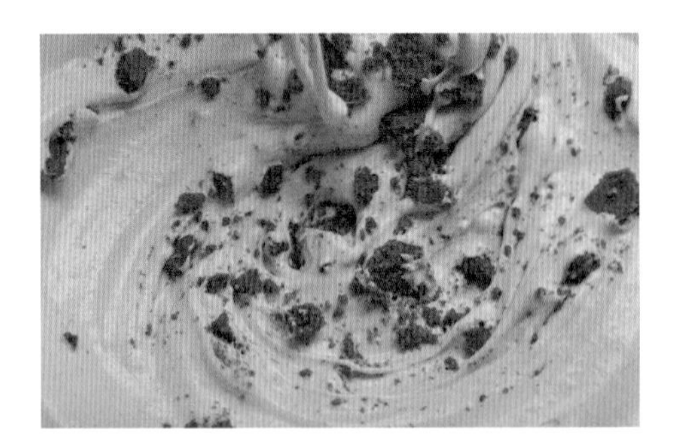

만들기

1 볼에 달걀흰자를 담고 거품이 날 때까지 거품기로 섞어 줍니다.

2 설탕을 넣고 뭉치는 부분이 없게 고루 섞은 뒤 바로 꿀을 넣어 섞으세요.

◖ 이때 설탕을 넣고 과도하게 거품을 낼 필요는 없습니다.

1

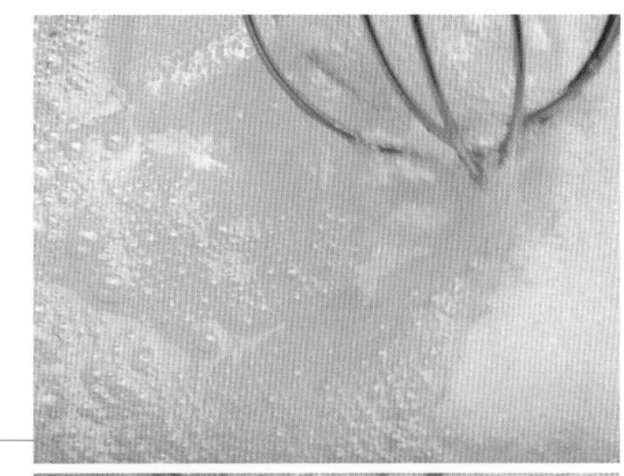

2

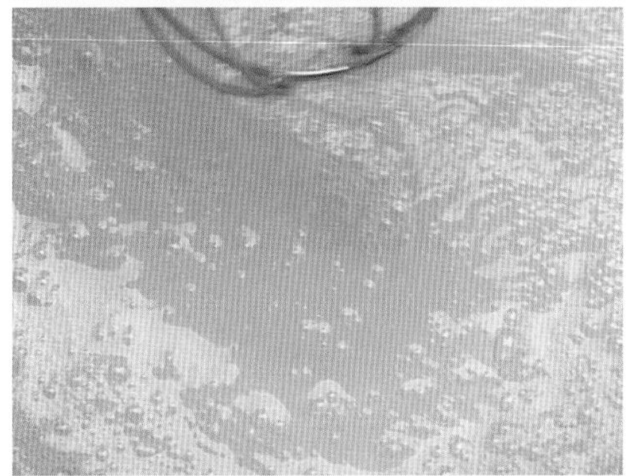

3 체 친 박력분, 아몬드 파우더와 소금을 넣고 거품기를 수직으로 세워 원을 그리듯 돌려가며 잘 섞으세요.

4 40℃ 정도의 뵈르 누아제트를 넣고 반죽이 매끄러워질 때까지 고루 섞습니다.

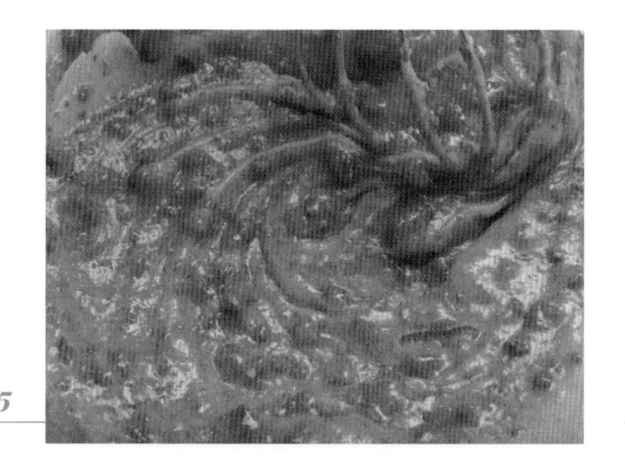
5

7

9

5 반죽에 굵게 다진 로투스 쿠키를 넣고 가볍게 섞으세요.

6 반죽이 완성되면 누락되는 반죽이 없도록 고무 주걱으로 볼의 옆면을 깔끔하게 정리합니다.

7 완성된 반죽을 짤주머니에 담아 버터 칠을 해둔 틀에 채운 후 토핑용 로투스 쿠키를 위에 뿌려주세요.

8 210℃로 예열한 오븐에서 6분간 굽다가 오븐의 온도를 170℃로 조정하여 5분간 더 굽습니다.

◖ 중간에 팬을 앞뒤로 바꾸어 구움색이 고르게 나도록 만들어줍니다.

9 오븐에서 꺼낸 피낭시에를 틀에서 바로 분리한 뒤 식힘망 위에 올려 완전히 식히고 로투스 크림을 곁들여 즐깁니다.

레몬 유자 피낭시에

Lemon citron Financier

상큼한 레몬과 유자는 언제 어디서나 어울리는 좋은 짝꿍입니다. 직접 만든 유자청을 사용한다면 정성 가득한 피낭시에가 되겠지만 시판 제품을 사용해도 좋습니다. 상큼한 시트러스 향과 묵직한 버터 향이 어우러진 피낭시에를 만들어보세요.

재료

(치요다 레몬틀 6구)

달걀흰자 60g

설탕 40g

물엿 10g

아몬드 파우더 30g

박력분 26g

뵈르 누아제트 72g

유자청 25g

레몬청 25g

-

레몬청

레몬 100g

설탕 100g

베이킹소다 적당량

-

유자청

유자 100g

설탕 100g

베이킹소다 적당량

-

분당 글레이즈

분당 240g

물 60g

준비하기

1 노른자와 분리한 달걀흰자는 실온 상태로 준비합니다.

2 박력분, 아몬드 파우더는 함께 체에 칩니다.

3 뵈르 누아제트를 만들어둡니다. (만드는 방법은 p.41 참고)

4 유자청과 레몬청은 미리 만들어 잘게 다진 뒤, 냉장 보관해둡니다.

5 틀에 실온 상태의 버터(분량 외)를 칠한 뒤, 냉장 보관합니다.

6 오븐은 210℃로 예열합니다.

레몬청 & 유자청 만들기

1 레몬은 베이킹소다로 껍질을 문지르고 물로 씻어 깨끗이 세척한 다음 물기를 제거합니다.

2 세척하고 말린 레몬을 0.5㎝ 두께로 자릅니다.

3 열탕 소독한 유리 용기에 레몬과 설탕을 번갈아가며 켜켜이 담습니다.

4 설탕이 녹으면 냉장실에 넣으세요. 2일 뒤부터 사용 가능합니다.

◖ 유자청도 동일한 방법으로 만들 수 있어요. 단, 유자씨를 제거한 후 무게를 측정하여 동량의 설탕을 넣어야 한다는 것만 잊지 마세요. 유자청과 레몬청은 시판 제품을 사용해도 무방합니다.

만들기

1 볼에 달걀흰자를 담고 거품이 날 때까지 거품기로 섞어줍니다.

2 설탕을 넣고 뭉치는 부분이 없게 고루 섞은 뒤 바로 물엿을 넣어 섞으세요.

◖ 이때 설탕을 넣고 과도하게 거품을 낼 필요는 없습니다.

1

2

3 체 친 박력분, 아몬드 파우더를 넣고 거품기를 수직으로 세워 원을 그리듯 돌려가며 잘 섞으세요.

4 40℃ 정도의 뵈르 누아제트를 넣고 반죽이 매끄러워질 때까지 고루 섞습니다.

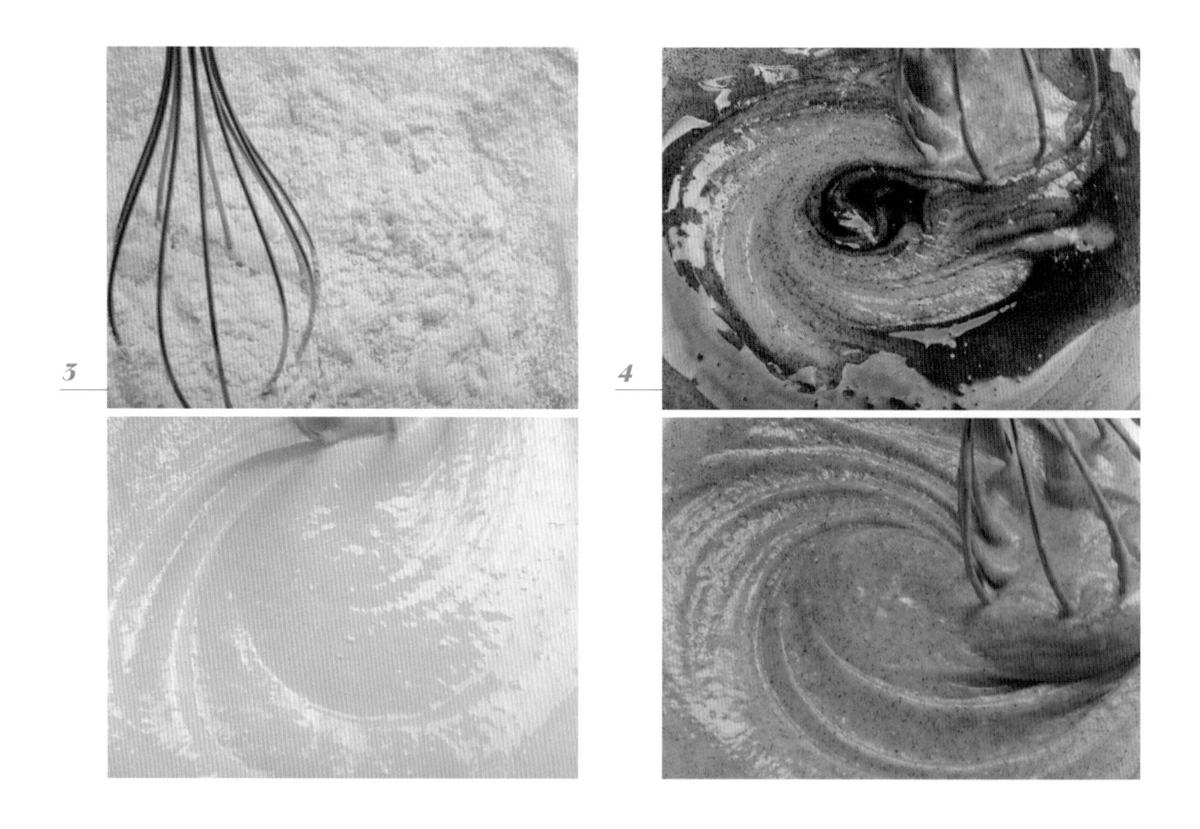

5

6

5 반죽에 레몬청과 유자청을 넣고 고무 주걱으로 가볍게 섞으세요.

6 반죽이 완성되면 누락되는 반죽이 없도록 고무 주걱으로 볼의 옆면을 깔끔하게 정리합니다.

7

9

7 완성된 반죽을 짤주머니에 담아 버터 칠을 해둔 틀에 채웁니다.

8 210℃로 예열한 오븐에서 8분간 구운 뒤 오븐의 온도를 170℃로 조정하여 5분간 더 굽습니다.

◖ 중간에 팬을 앞뒤로 바꾸어 구움색이 고르게 나도록 만들어줍니다.

9 오븐에서 꺼낸 피낭시에를 틀에서 바로 분리한 뒤 식힘망 위에 올려 완전히 식힙니다.

10 분당 글레이즈 만들기

볼에 분량의 재료를 모두 넣고 섞어줍니다.

11 완전히 식은 피낭시에 위에 분당 글레이즈를 뿌려 줍니다.

◖ 완전히 식지 않은 피낭시에에 글레이즈를 뿌리면 글레이즈가 굳지 않고 흘러내릴 수 있어요.

◖ 글레이즈의 온도가 너무 낮으면 두껍게 코팅되어 너무 달아지고 온도가 높으면 굳히는 시간이 오래 걸려요.

10

11

> ***TIP***
>
> 완성된 피낭시에 위에 레몬 제스트를 뿌려 장식해도 좋습니다.

무화과 피낭시에

FIg Financier

입 안에서 톡톡 씹히는 반건조 무화과를 레드와인에 졸여 반죽에 넣었어요. 레드와인 무화과 조림은 한번 만들어두면 피낭시에뿐 아니라 파운드케이크, 마들렌, 스콘 등의 구움과자를 만들 때에도 요긴하게 쓰일 거예요. 어디에든 잘 어울린답니다.

FIGS
/

ALWAYS RIGHT

재료

(까눌레 동 틀 5.5㎝ 5개 분량)

달걀흰자 105g

설탕 70g

꿀 15g

아몬드 파우더 45g

박력분 40g

뵈르 누아제트 105g

통무화과 5개(토핑용)

-

레드와인 무화과 조림

반건조 무화과 100g

설탕 50g

레드와인 75g

시나몬 스틱 2g

오렌지 껍질(흰 부분 포함) 10g

준비하기

1 노른자와 분리한 달걀흰자는 실온 상태로 준비합니다.

2 박력분, 아몬드 파우더는 함께 체에 칩니다.

3 뵈르 누아제트를 만들어둡니다. (만드는 방법은 p.41 참고)

4 숙성한 레드와인 무화과 조림은 체에 건져 물기를 뺀 뒤 토핑용 무화과 5개만 남기고 잘게 다져둡니다.

5 틀에 실온 상태의 버터(분량 외)를 칠한 뒤, 냉장 보관 합니다.

6 오븐은 210℃로 예열합니다.

레드와인 무화과 조림

1 냄비에 모든 재료를 넣고 팔팔 끓이다 와인이 자작하게 졸아들면 불을 끕니다.

2 최소 하루 정도 냉장 보관하여 숙성시킵니다. 다음 날부터 사용 가능합니다.

만들기

1 볼에 달걀흰자를 담고 거품이 날 때까지 거품기로 섞어줍니다.

2 설탕을 넣고 뭉치는 부분이 없게 고루 섞은 뒤 바로 꿀을 넣어 섞으세요.

◖ 이때 설탕을 넣고 과도하게 거품을 낼 필요는 없습니다.

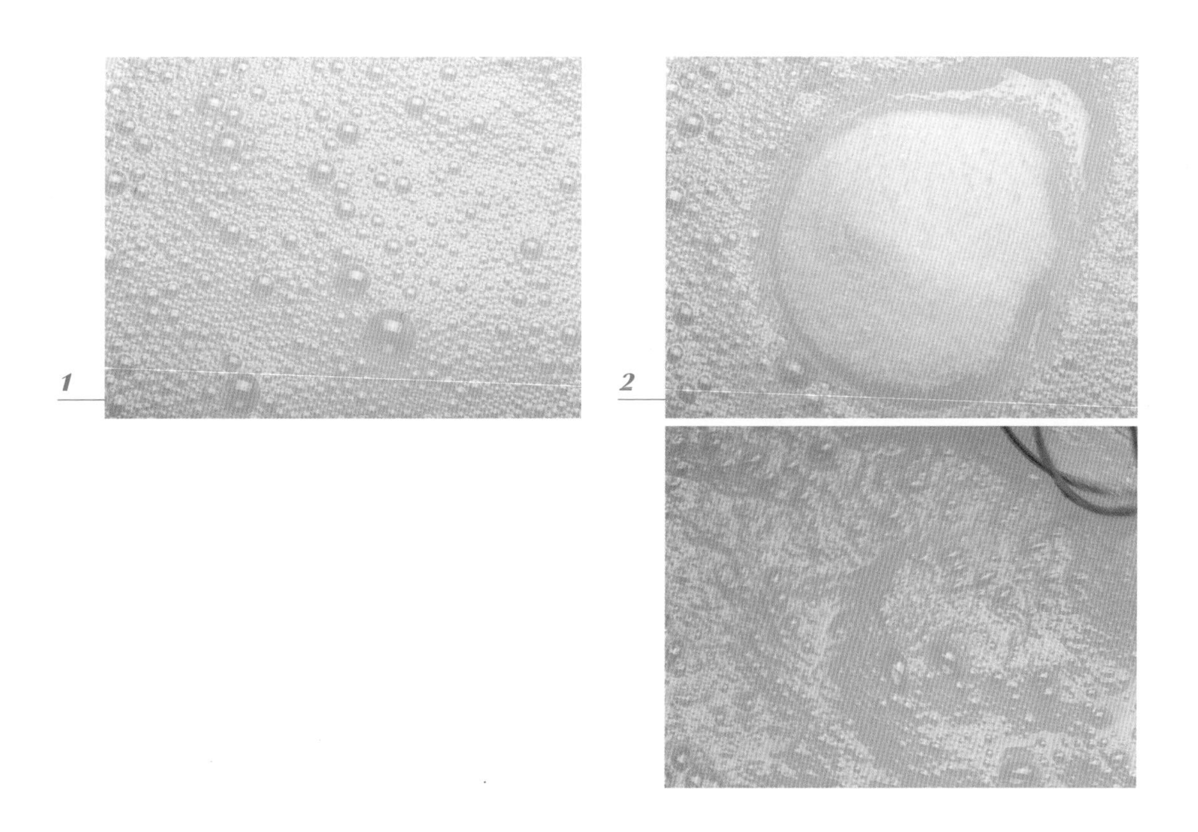

3 체 친 박력분, 아몬드 파우더를 넣고 거품기를 수직으로 세워 원을 그리듯 돌려가며 잘 섞으세요.

4 40℃ 정도의 뵈르 누아제트를 넣고 반죽이 매끄러워질 때까지 고루 섞습니다.

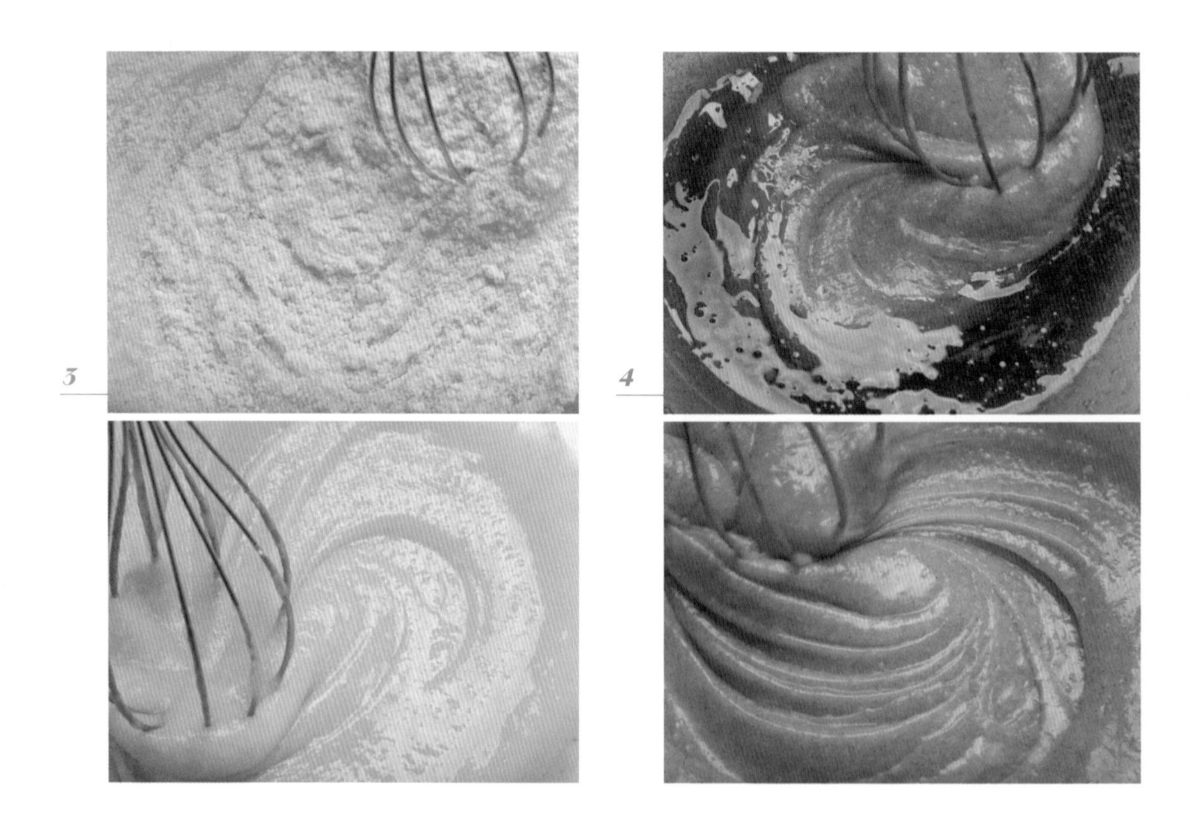

5

6

7

9

5 반죽에 잘게 다져둔 레드와인 무화과 조림을 넣고 고무 주걱으로 가볍게 섞으세요.

6 반죽이 완성되면 누락되는 반죽이 없도록 고무 주걱으로 볼의 옆면을 깔끔하게 정리합니다.

7 완성된 반죽을 짤주머니에 담아 버터 칠을 해둔 틀에 80% 정도 채우고, 토핑용 통무화과를 올립니다.

8 210℃로 예열한 오븐에서 8분간 구운 뒤 오븐의 온도를 170℃로 조정하여 8분간 더 굽습니다.

◖ 중간에 팬을 앞뒤로 바꾸어 구움색이 고르게 나도록 만들어줍니다.

9 오븐에서 꺼낸 피낭시에를 틀에서 바로 분리한 뒤 식힘망 위에 올려 완전히 식힙니다.

블루베리 피낭시에

Blueberry Financier

눈 건강과 항산화에 좋은 블루베리잼으로 피낭시에를 만들었어요. 색감도 예쁘고 몸에도 좋은 블루베리를 접시에 담고 그 위에 피낭시에를 하나 올리기만 해도 참 멋스럽답니다. 나만의 홈 카페가 뭐 별건가요? 좋은 재료로 정성껏 만든 피낭시에를 아끼는 접시 위에 예쁘게 담아 따뜻한 커피나 차와 함께 즐기는 시간을 가져보세요.

HELLO!

재료

(계란빵 틀 9X6X3㎝ 5개 분량)

달걀흰자 106g

설탕 75g

물엿 16g

아몬드 파우더 45g

박력분 40g

뵈르 누아제트 110g

-

블루베리잼

블루베리 50g

설탕 17g

레몬즙 2g

준비하기

1 노른자와 분리한 달걀흰자는 실온 상태로 준비합니다.

2 박력분, 아몬드 파우더는 함께 체에 칩니다.

3 뵈르 누아제트를 만들어둡니다. (만드는 방법은 p.41 참고)

4 블루베리잼은 미리 만들어 짤주머니에 담아둡니다.

5 틀에 실온 상태의 버터(분량 외)를 칠한 뒤, 냉장 보관합니다.

6 오븐은 220℃로 예열합니다.

블루베리잼 만들기

1 냄비에 블루베리와 설탕을 넣고 걸쭉해질 때까지 센 불에서 팔팔 끓입니다.

2 레몬즙을 넣고 한소끔 더 끓인 다음 불을 끄고 완전히 식힙니다.

◖ 레몬즙을 넣으면 잼의 색깔이 조금 더 선명해지고 약간의 산미가 잼의 맛을 한층 더 올려줍니다. 레몬즙이 없다면 생략해도 괜찮아요.

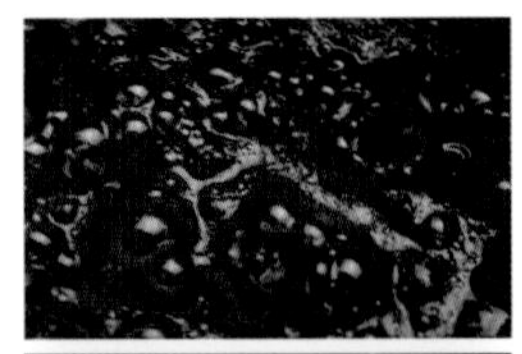

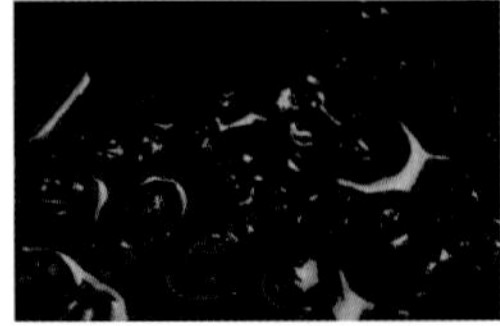

만들기

1. 볼에 달걀흰자를 담고 거품이 날 때까지 거품기로 섞어줍니다.
2. 설탕을 넣고 뭉치는 부분이 없게 고루 섞은 뒤 바로 물엿을 넣어 섞으세요.

◖ 이때 설탕을 넣고 과도하게 거품을 낼 필요는 없습니다.

1

2

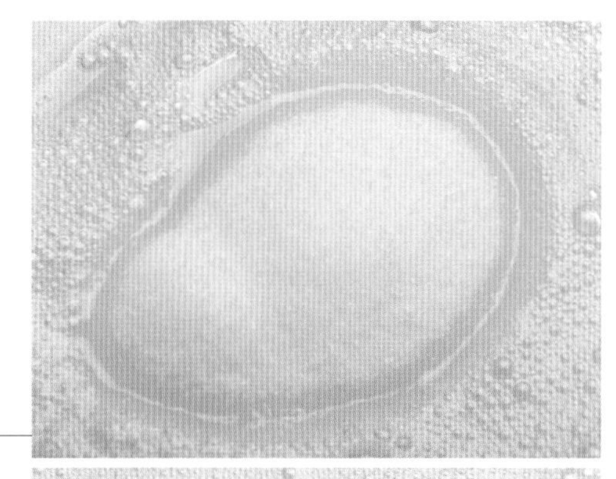

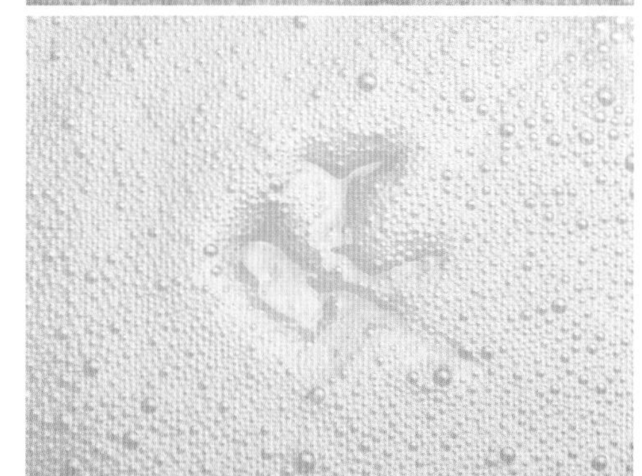

3 체 친 박력분, 아몬드 파우더를 넣고 거품기를 수직으로 세워 원을 그리듯 돌려가며 잘 섞으세요.

4 40℃ 정도의 뵈르 누아제트를 넣고 반죽이 매끄러워질 때까지 고루 섞습니다.

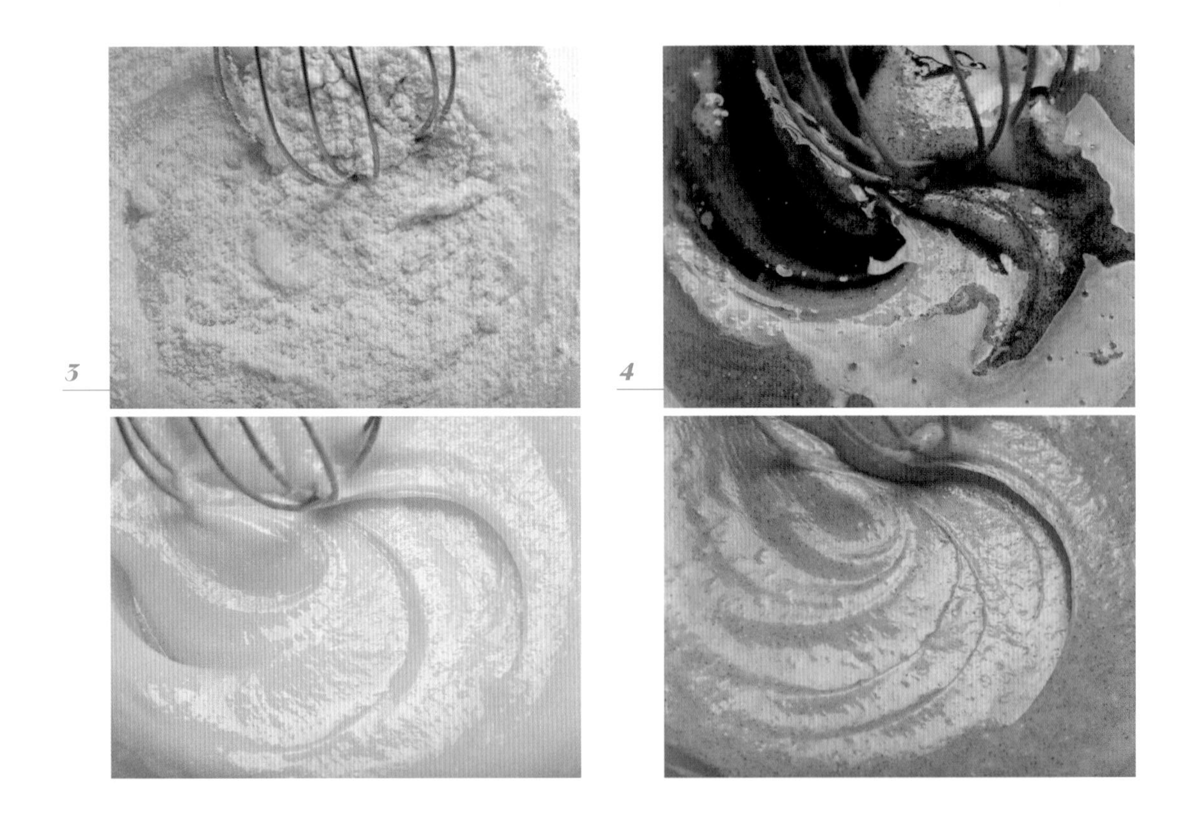

5

7

9

5 반죽이 완성되면 누락되는 반죽이 없도록 고무 주걱으로 볼의 옆면을 깔끔하게 정리합니다.

6 완성된 반죽을 짤주머니에 담아 버터 칠을 해둔 틀에 채웁니다.

7 반죽 윗면에 블루베리잼을 길게 한 줄로 짭니다.

8 220℃로 예열한 오븐에서 6분간 구운 뒤 오븐의 온도를 170℃로 조정하여 7분간 더 굽습니다.

◖ 이 틀은 일반 피낭시에 틀보다 크기 때문에 오븐 온도가 조금 높답니다. 일반 피낭시에 틀로 구울 땐 210℃에서 8분, 170℃에서 8분으로 구워주세요.

◖ 중간에 팬을 앞뒤로 바꾸어 구움색이 고르게 나도록 만들어줍니다.

9 오븐에서 꺼낸 피낭시에를 틀에서 바로 분리한 뒤 식힘망 위에 올려 완전히 식힙니다.

TIP

신선한 블루베리가 있다면 피낭시에에 듬뿍 올려 함께 해도 맛있어요.

보늬밤 피낭시에

Chestnut Financier

큼직한 보늬밤을 통째로 넣은 피낭시에입니다. 밤의 보송보송한 속껍질인 보늬를 제거하지 않고 만들어 더 특별하죠. 단면을 자르면 먹음직스런 비주얼이 예술이에요. 손이 너무 많이 가고 단가가 비싸서 매장에서는 판매할 수 없는 귀한 피낭시에입니다. 팔지 않는 디저트를 직접 만들어 먹는 것, 이게 바로 홈메이드만의 매력 아닐까요? 보늬밤을 미리 만들어 숙성시키는 동안의 기다림 또한 두근거리는 시간이 될 거예요.

Little

Forest

재료

(피낭시에 틀 8.3X4X1.9㎝ 5개 분량)

달걀흰자 52g

설탕 42g

물엿 15g

아몬드 파우더 24g

박력분 20g

소금 1g

뵈르 누아제트 52g

보늬밤 5개

-

보늬밤

겉껍질 벗긴 밤 1kg

베이킹소다 300g

물 적당량

설탕 500g

간장 30g

럼 5g

준비하기

1 노른자와 분리한 달걀흰자는 실온 상태로 준비합니다.

2 박력분, 아몬드 파우더는 함께 체에 칩니다.

3 뵈르 누아제트를 만들어둡니다. (만드는 방법은 p.41 참고)

4 보늬밤은 미리 만들어두었다 건져 올려 시럽을 제거합니다.

5 틀에 실온 상태의 버터(분량 외)를 칠한 뒤, 냉장 보관합니다.

6 오븐은 210℃로 예열합니다.

보늬밤 만들기

1 겉껍질을 까고 보늬를 남겨둔 밤을 냄비에 담은 뒤 베이킹소다와 물을 잘 섞어 넣고 뚜껑을 덮어 하루 정도 실온에 둡니다.

2 물을 버리지 않고 ①을 그대로 끓이다가 끓기 시작하면 약한 불에서 30분 정도 더 끓입니다.

3 밤을 찬물에 헹궜다 다시 끓이고 헹구기를 2회 정도 반복합니다.

4 밤에 남은 잔털과 심을 제거합니다.

5 밤을 냄비에 옮겨 담아 밤이 자작하게 잠길 만큼 물을 붓고 설탕을 넣은 뒤 중약불에서 졸이듯 끓입니다.

6 간장과 럼을 넣고 한소끔 끓인 후 불을 끄고 마무리합니다. 알코올이 날아갈 정도만 끓이면 됩니다.

7 열탕 소독한 유리 용기에 옮겨 담아 냉장 보관합니다. 1주~1달 정도 사용 가능합니다.

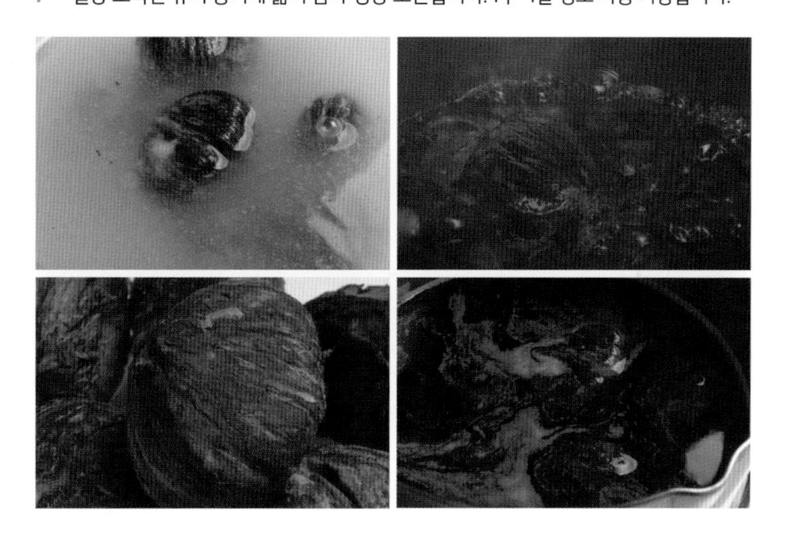

만들기

1 볼에 달걀흰자를 담고 거품이 날 때까지 거품기로 섞어줍니다.

2 설탕을 넣고 뭉치는 부분이 없게 고루 섞은 뒤 바로 물엿을 넣어 섞으세요.

◖ 이때 설탕을 넣고 과도하게 거품을 낼 필요는 없습니다.

1

2

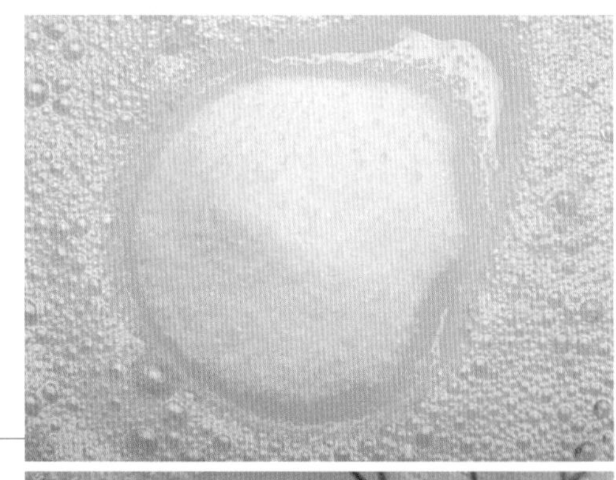

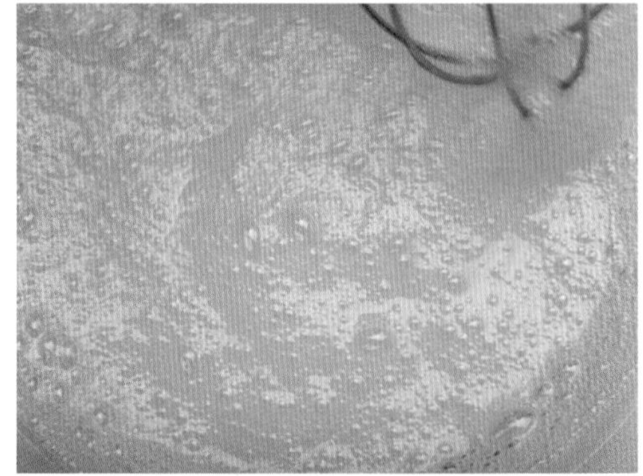

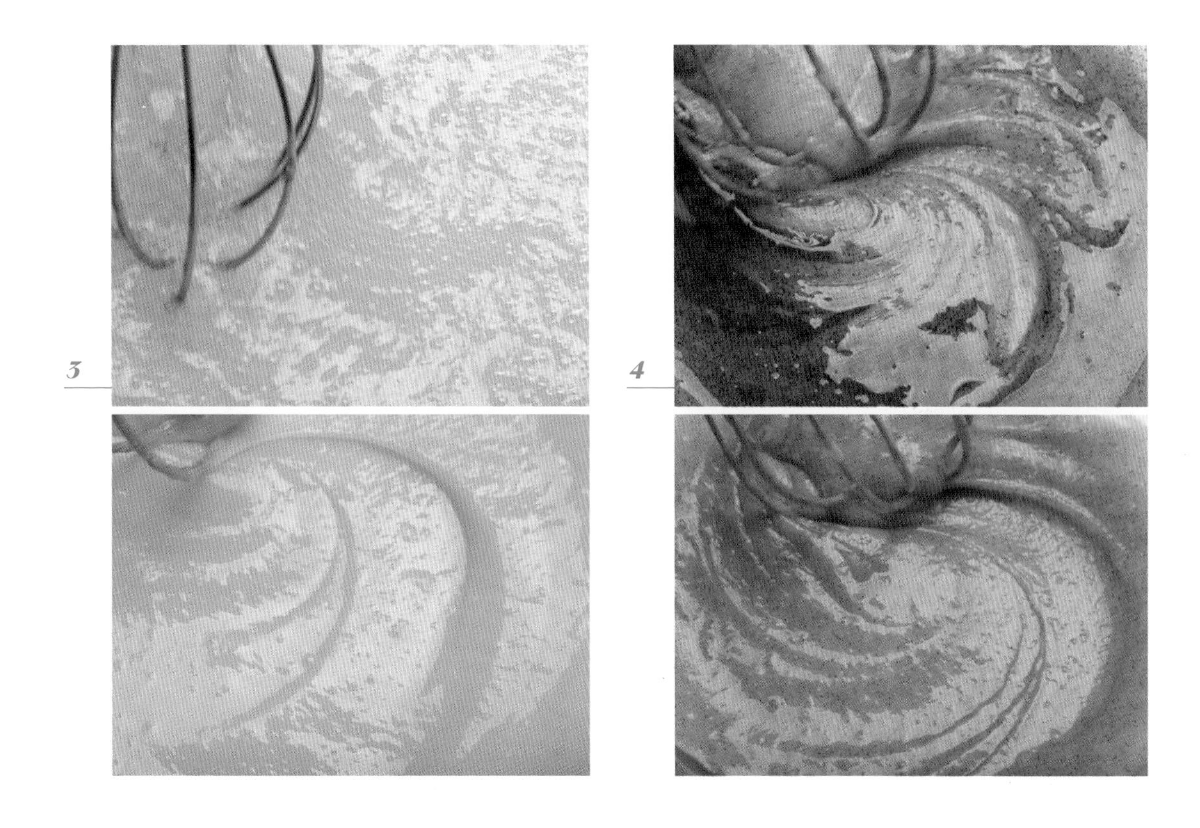

3 체 친 박력분, 아몬드 파우더와 소금을 넣고 거품기를 수직으로 세워 원을 그리듯 돌려가며 잘 섞으세요.

4 40℃ 정도의 뵈르 누아제트를 넣고 반죽이 매끄러워질 때까지 고루 섞습니다.

5 반죽이 완성되면 누락되는 반죽이 없도록 고무 주걱으로 볼의 옆면을 깔끔하게 정리합니다.

6 완성된 반죽을 짤주머니에 담아 버터 칠을 해둔 틀에 채웁니다.

7 보늬밤을 반죽 가운데에 올리고 살짝 눌러주세요.

◖ 보니밤을 먹기 좋게 다져서 반죽 맨 위에 올려도 좋습니다.

5

6

7

9

8 210℃로 예열한 오븐에서 6분간 구운 뒤 오븐의 온도를 170℃로 조정하여 5분간 더 굽습니다.

◖ 중간에 팬을 앞뒤로 바꾸어 구움색이 고르게 나도록 만들어줍니다.

9 오븐에서 꺼낸 피낭시에를 틀에서 바로 분리한 뒤 식힘망 위에 올려 완전히 식힙니다.

베이컨 할라페뇨 피낭시에

Bacon Jalapeno Financier

달콤하고 짭짤하고 매콤한 다양한 풍미의 피낭시에입니다. 와인이나 맥주와 아주 잘 어울리죠. 베이컨이 없다면 맛있는 소시지로도 대체 가능해요. 매콤단짠의 매력에 푹 빠져보세요. 어른들의 간식으로 적극 추천합니다.

재료

(매트퍼 오발 피낭시에 틀 5개 분량)

달걀흰자 38g

설탕 30g

물엿 8g

아몬드 파우더 16g

박력분 14g

소금 1g

뵈르 누아제트 38g

할라페뇨 10g

통후추 조금

-

베이컨 볶음

베이컨 20g

준비하기

1 노른자와 분리한 달걀흰자는 실온 상태로 준비합니다.

2 박력분, 아몬드 파우더, 소금은 함께 체에 칩니다.

◖ 체에 남은 소금은 버리지 말고 다 넣어주세요.

3 뵈르 누아제트를 만들어둡니다. (만드는 방법은 p.41 참고)

4 베이컨 볶음은 미리 만들어 식혀두고 할라페뇨는 잘게 다집니다.

◖ 할라페뇨는 수분을 완전히 제거합니다.

5 틀에 실온 상태의 버터(분량 외)를 칠한 뒤, 냉장 보관합니다.

6 오븐은 210℃로 예열합니다.

베이컨 볶음 만들기

1 베이컨을 사방 1㎝ 크기로 깍둑썰기합니다.

2 달군 팬에 베이컨을 볶으세요. 너무 오래 볶으면 반죽에 넣었을 때 피낭시에가 딱딱해질 수 있으니 살짝만 볶습니다.

만들기

1 볼에 달걀흰자를 담고 거품이 날 때까지 거품기로 섞어줍니다.

2 설탕을 넣고 뭉치는 부분이 없게 고루 섞은 뒤 바로 물엿을 넣어 섞으세요.

◖ 이때 설탕을 넣고 과도하게 거품을 낼 필요는 없습니다.

1

2

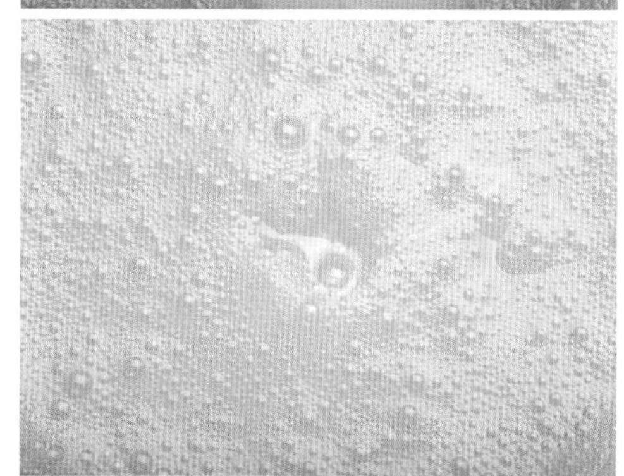

3 체 친 박력분, 아몬드 파우더, 소금을 넣고 거품기를 수직으로 세워 원을 그리듯 돌려가며 잘 섞으세요.

4 40℃ 정도의 뵈르 누아제트를 넣고 반죽이 매끄러워질 때까지 고루 섞습니다.

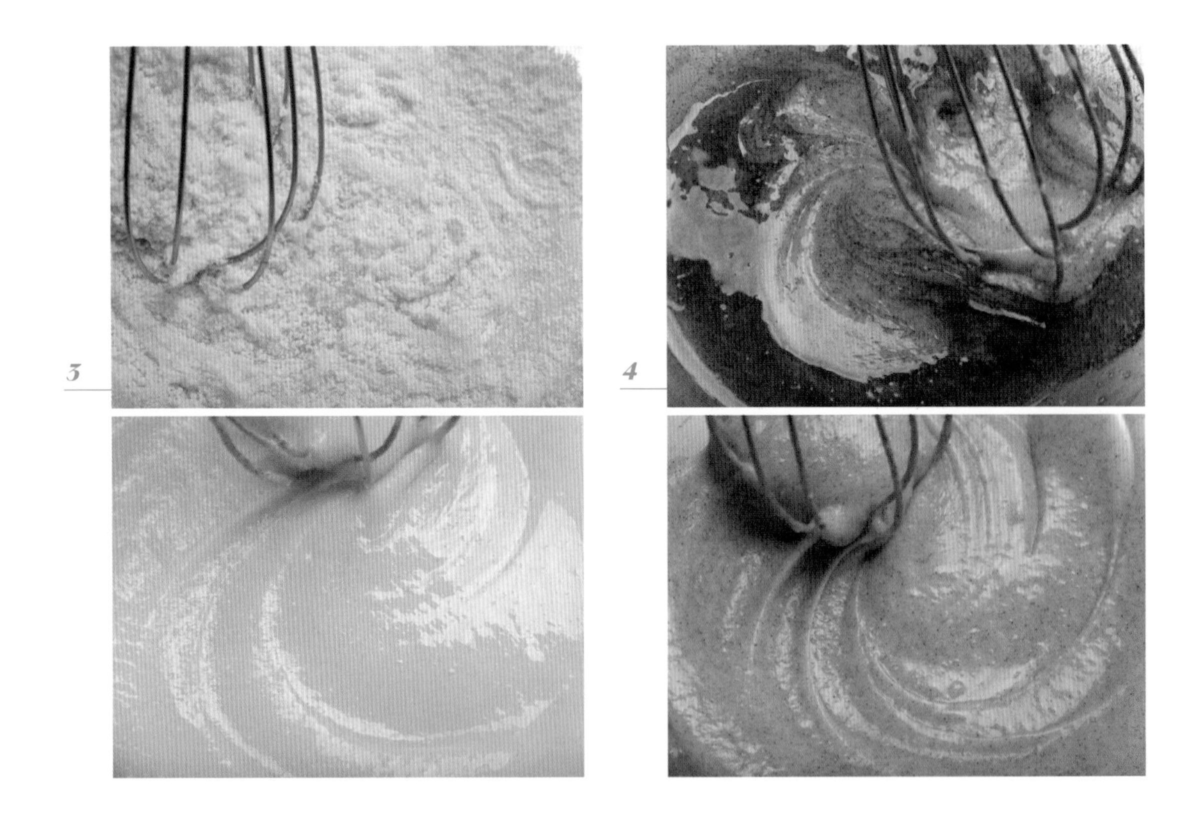

5

6

7

9

5 베이컨 볶음과 할라페뇨를 넣고 고무 주걱으로 가볍게 섞으세요.

6 반죽이 완성되면 누락되는 반죽이 없도록 고무 주걱으로 볼의 옆면을 깔끔하게 정리합니다.

7 완성된 반죽을 짤주머니에 담아 버터 칠을 해둔 틀에 채우고, 통후추를 갈아 뿌립니다.

8 210℃로 예열한 오븐에서 4분간 구운 뒤 오븐의 온도를 170℃로 조정하여 5분간 더 굽습니다.

◖ 중간에 팬을 앞뒤로 바꾸어 구움색이 고르게 나도록 만들어줍니다.

9 오븐에서 꺼낸 피낭시에를 틀에서 바로 분리한 뒤 식힘망 위에 올려 완전히 식힙니다.

TIP

책에서는 통후추를 사용했습니다. 통후추의 식감과 맛이 익숙하지 않아 거부감이 든다면 고운 후춧가루를 사용하거나 생략해도 괜찮습니다.

초콜릿 피낭시에

Chocolate Financier

디저트는 달콤해야 한다는 걸 너무 잘 아는 듯, 온 몸이 초콜릿으로 가득한 피낭시에입니다. 이 책에서는 시중에서 쉽게 구할 수 있는 부드럽고 달콤한 밀크초콜릿을 사용했지만, 취향에 따라 깊고 쌉싸름한 맛의 다크초콜릿 커버처로 만들어도 좋아요.

Chocolate
Chocolate

재료

(플렉시판 끄넬 18구 9개 분량)

달걀흰자 70g

설탕 45g

꿀 15g

아몬드 파우더 30g

코코아 파우더 5g

박력분 18g

뵈르 누아제트 75g

-

초콜릿 아몬드 글레이즈

밀크초콜릿 200g

포도씨오일 50g

다진 아몬드 30g

준비하기

1 노른자와 분리한 달걀흰자는 실온 상태로 준비합니다.

2 박력분, 아몬드 파우더, 코코아 파우더는 함께 체에 칩니다.

3 뵈르 누아제트를 만들어둡니다. (만드는 방법은 p.41 참고)

4 초콜릿 아몬드 글레이즈는 미리 만들어둡니다.

5 틀에 실온 상태의 버터(분량 외)를 칠한 뒤, 냉장 보관합니다.

6 오븐은 210℃로 예열합니다.

초콜릿 아몬드 글레이즈 만들기

1 다진 아몬드는 170℃로 예열한 오븐에 15분간 구웠다 식힙니다.

2 밀크초콜릿을 중탕으로 녹입니다.

3 밀크초콜릿에 포도씨오일을 붓고 고루 섞다가 다진 아몬드를 넣고 더 섞습니다.

만들기

1. 볼에 달걀흰자를 담고 거품이 날 때까지 거품기로 섞어줍니다.
2. 설탕을 넣고 뭉치는 부분이 없게 고루 섞은 뒤 바로 꿀을 넣어 섞으세요.

◖ 이때 설탕을 넣고 과도하게 거품을 낼 필요는 없습니다.

1

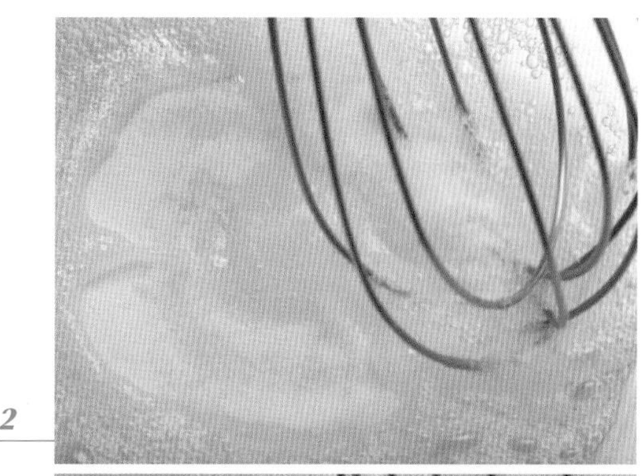

2

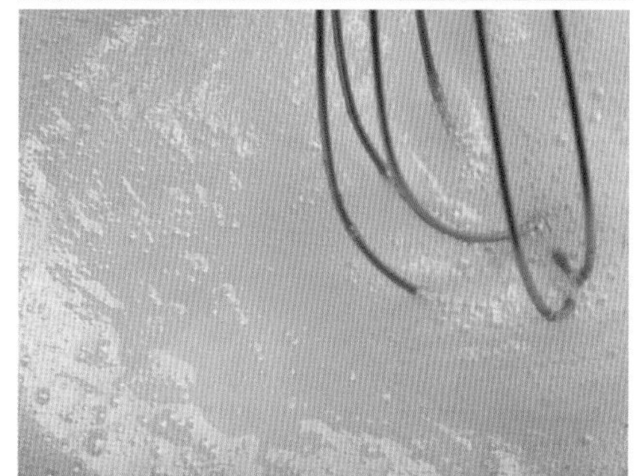

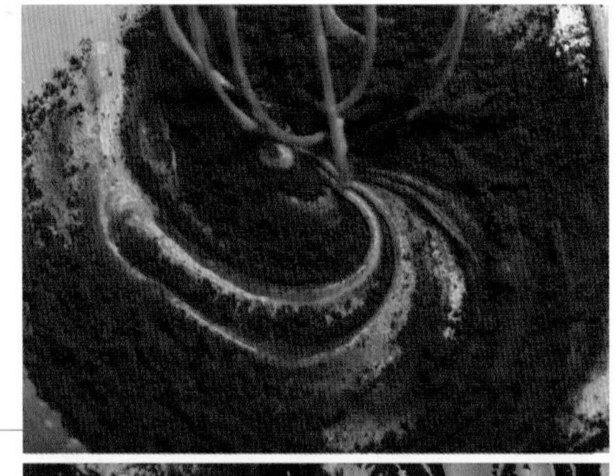

3

3 체 친 박력분, 아몬드 파우더, 코코아 파우더를 넣고 거품기를 수직으로 세워 원을 그리듯 돌려가며 잘 섞으세요.

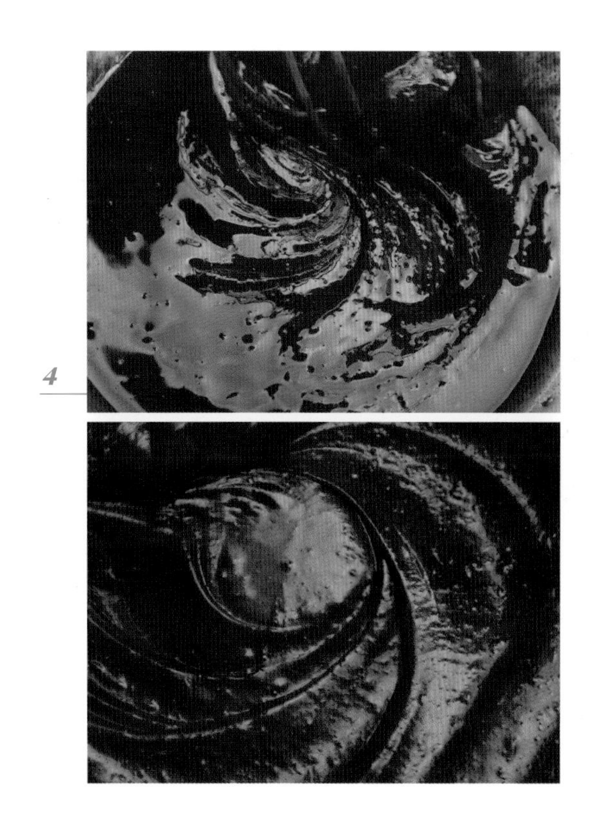

4 40℃ 정도의 뵈르 누아제트를 넣고 반죽이 매끄러워질 때까지 고루 섞습니다.

5 반죽이 완성되면 누락되는 반죽이 없도록 고무 주걱으로 볼의 옆면을 깔끔하게 정리합니다.

6 완성된 반죽을 짤주머니에 담아 버터 칠을 해둔 틀에 채웁니다.

7 210℃로 예열한 오븐에서 6분간 구운 뒤 오븐의 온도를 170℃로 조정하여 7분간 더 굽습니다.

◖ 중간에 팬을 앞뒤로 바꾸어 구움색이 고르게 나도록 만들어줍니다.

5

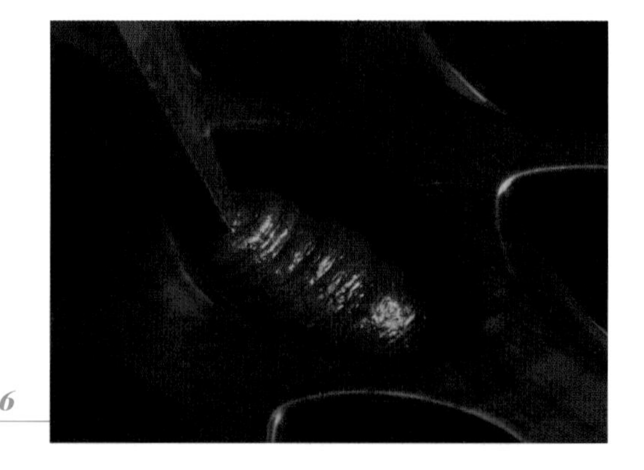
6

8

9

8 오븐에서 꺼낸 피낭시에를 틀에서 바로 분리한 뒤 식힘망 위에 올려 완전히 식힙니다.

9 완전히 식은 피낭시에 윗면에 25℃로 맞춘 초콜릿 아몬드 글레이즈를 뿌려 마무리합니다.

◖ 오븐에서 갓 꺼낸 피낭시에 위에 초콜릿 아몬드 글레이즈를 뿌리면 글레이즈가 윗면에서 굳지 않고 계속 흘러내릴 수 있습니다. 반드시 피낭시에가 다 식어 차가운 상태일 때 글레이즈를 뿌리세요.

◖ 글레이즈의 온도가 너무 낮으면 두껍게 코팅되어 너무 달아지고 온도가 높으면 굳히는 시간이 오래 걸려요.

파인 코코 마들렌

Pineapple Coconut Madeleine

고소한 코코넛 파우더가 마들렌 표면을 감싸고 새콤달콤한 파인애플잼이 가득 들어 있는 마들렌이에요. 마들렌 배꼽 위에 살포시 올라간 파인애플 잼이 포인트랍니다. 씹는 느낌이 좋다면 파인애플을 더 굵게 다져서 넣어보세요.

Fine

Coco

재료

(치요다 마들렌틀 8구)

달걀(전란) 45g

달걀노른자 5g

설탕 37g

꿀 4g

박력분 34g

아몬드 파우더 17g

코코넛파우더 2g

베이킹파우더 2g

버터 33g

코코넛밀크 6g

코코넛 파우더 적당량

-

파인애플잼

파인애플 100g

설탕 60g

-

분당 글레이즈

분당 30g

물 7g

준비하기

1 달걀(전란)과 달걀노른자는 거품기로 잘 풀어 실온 상태로 준비합니다.

2 박력분, 아몬드 파우더, 코코넛파우더, 베이킹파우더는 체에 칩니다.

3 버터는 전자레인지에 돌려 약 60℃로 준비합니다.

4 코코넛밀크는 실온 상태로 준비합니다.

5 파인애플잼과 분당 글레이즈는 미리 만들어둡니다.

6 틀에 실온 상태의 버터(분량 외)를 칠한 뒤, 냉장 보관합니다.

7 오븐은 180℃로 예열합니다.

파인애플잼 만들기

냄비에 사방 1㎝ 크기로 깍둑썰기한 파인애플과 설탕을 넣고 적당한 농도의 진한 노란색 잼이 될 때까지 졸입니다. 다 만들어진 잼은 완전히 식혔다 사용합니다.

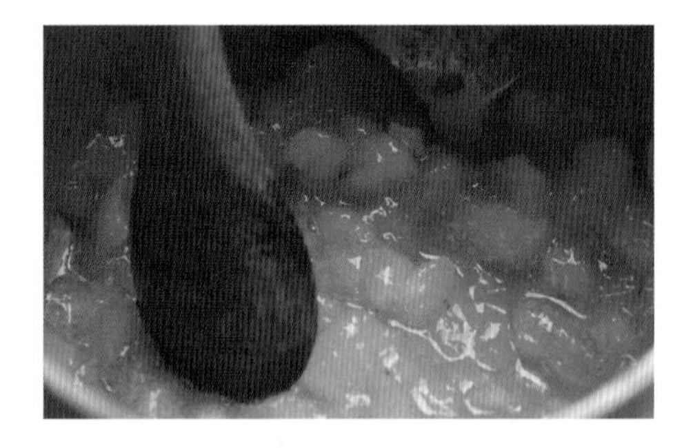

분당 글레이즈 만들기

볼에 분량의 분당과 물을 넣고 잘 섞으세요.

1 볼에 달걀(전란)과 달걀노른자를 넣고 거품기로 고루 섞어줍니다.

◖ 이미 달걀을 풀어 준비해두었지만 반죽을 만들기 전에 달걀을 마지막으로 충분히 풀어주는 것이 좋아요.

2 설탕을 붓고 거품기로 충분히 섞다가 꿀을 넣고 고루 섞으세요.

◖ 이때 설탕을 넣고 과도하게 거품을 낼 필요는 없습니다.

1

2

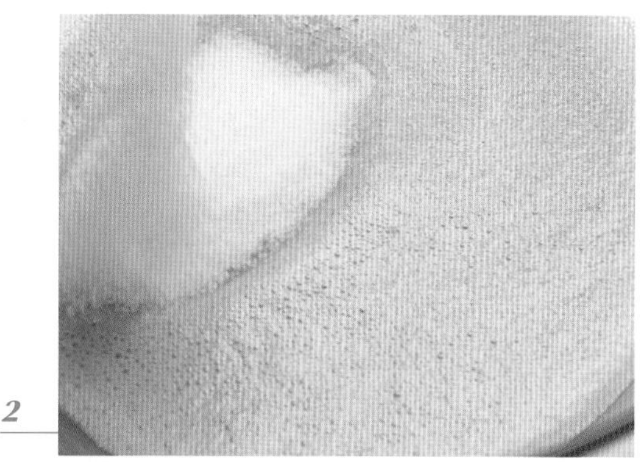

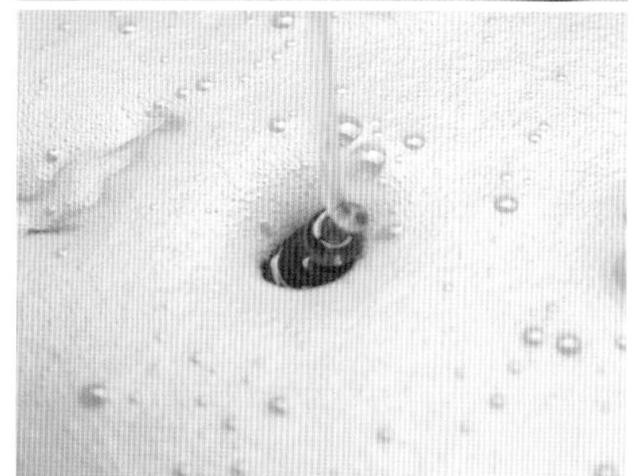

3 체 친 박력분, 아몬드 파우더, 코코넛 파우더, 베이킹 파우더를 넣고 반죽이 매끄러워질 때까지 고루 섞습니다.

4 60℃ 정도로 녹인 버터를 넣고 고루 섞으세요

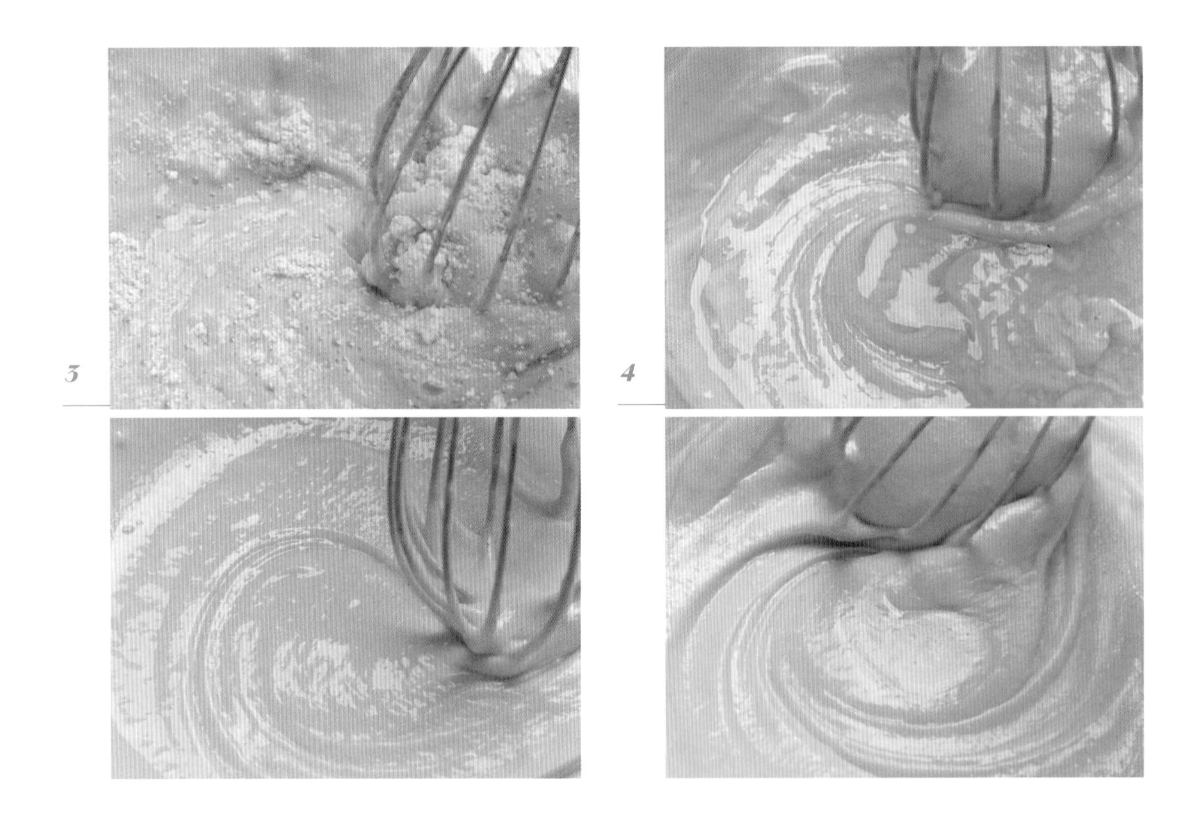

5

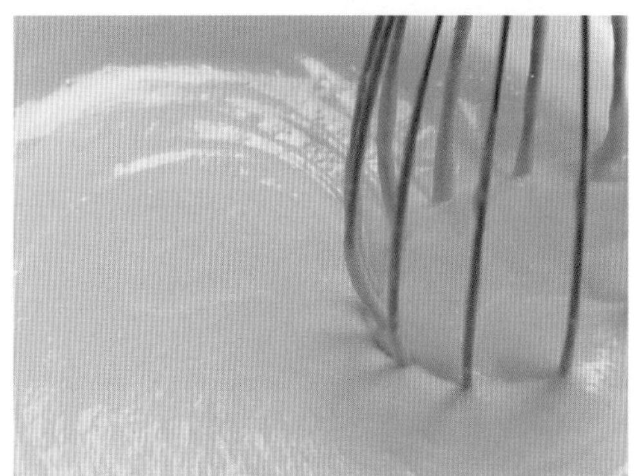

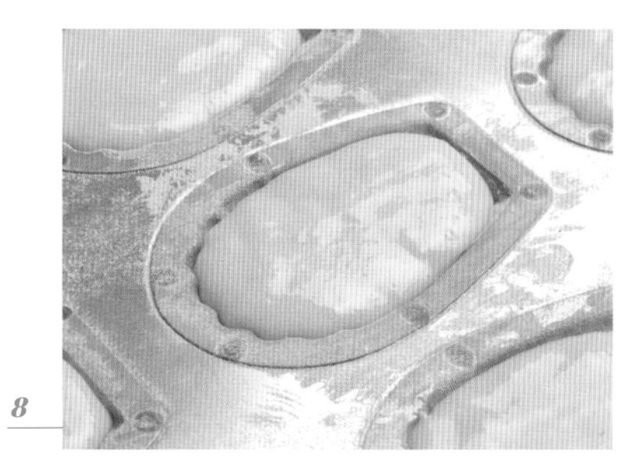

8

5 코코넛밀크를 넣고 더 섞으세요.

◖ 너무 과하게 반죽을 섞으면 공기가 많이 들어가 구멍이 많은 마들렌이 될 수 있어요.

6 반죽이 완성되면 누락되는 반죽이 없도록 고무 주걱으로 볼의 옆면을 깔끔하게 정리합니다.

7 볼에 랩을 씌워 냉장실에서 1시간가량 휴지합니다.

8 냉장 휴지한 반죽을고무 주걱으로 가볍게 섞고 짤주머니에 담아 버터 칠한 틀에 채웁니다.

9 180℃로 예열한 오븐에서 11분간 구운 다음 틀에서 분리해 식힙니다.

◖ 중간에 팬을 앞뒤로 바꾸어 구움색이 고르게 나도록 만들어줍니다.

9

10

11

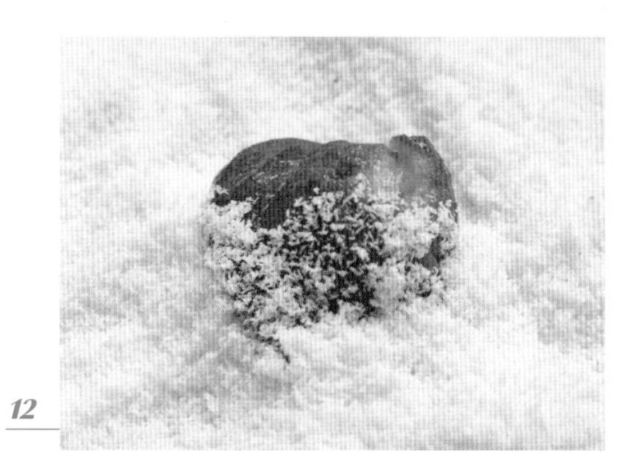

12

10 미리 만들어둔 파인애플잼을 짤주머니에 담으세요.

◖ 짤주머니를 스크래퍼로 밀면서 짜면 내용물을 끝까지 쓸 수 있어요.

11 마들렌 가운데 튀어나온 배꼽 부분에 짤주머니 깍지를 살짝 넣었다 빼 구멍을 내고 파인애플잼을 채웁니다.

12 마들렌에 분당 글레이즈를 바르고 코코넛 파우더를 묻힙니다.

◖ 마들렌 겉면에 분당 글레이즈를 바르지 않거나, 바르더라도 고르게 묻히지 않으면 코코넛 파우더가 잘 묻지 않습니다. 글레이즈를 바를 때는 골고루 바르세요.

연유 가나슈 & 커피 마들렌

Condensed Milk Ganache & Coffee Madeleine

은은한 커피 향이 가득한 마들렌에 달콤한 연유로 만든 가나슈를 채웠어요. 베트남에서 맛있게 먹던 연유커피에서 아이디어를 얻었답니다. 고소하고 달콤한 연유가 가득한 마들렌으로 오후의 티타임을 가져보는 건 어떠세요? 베트남 어느 카페에 있는 듯한 시간이 되길 바랄게요.

Coffee
and
Madeleine

재료

(플렉시판 마들렌 8구)

달걀(전란) 70g

달걀노른자 8g

설탕 45g

꿀 7g

박력분 57g

아몬드 파우더 14g

옥수수 전분 16g

베이킹파우더 2.5g

인스턴트커피 2.5g

버터 54g

우유 14g

-

연유 가나슈

생크림 45g

화이트초콜릿 커버처 56g

연유 20g

버터 6g

준비하기

1 달걀(전란)과 달걀노른자는 거품기로 잘 풀어 실온 상태로 준비합니다.

2 박력분, 아몬드 파우더, 옥수수 전분, 베이킹파우더는 체에 칩니다.

3 버터는 전자레인지에 녹여서 약 60℃로 준비합니다.

4 우유는 전자레인지에 데운 뒤 인스턴트커피를 넣고 잘 풀어둡니다.

5 연유 가나슈는 미리 만들어 실온에 식혀둡니다.

6 틀에 실온 상태의 버터(분량 외)를 칠한 뒤, 냉장 보관합니다.

7 오븐은 180℃로 예열합니다.

연유 가나슈 만들기

1 전자레인지에 돌려 약 70℃로 데운 생크림을 화이트초콜릿 커버처, 연유와 함께 고루 섞으세요.

◖ 화이트초콜릿을 전자레인지에 녹일 땐 30초 정도로 짧게 끊어가듯 돌리고 고무주걱으로 잘 섞어가며 녹여주세요. 중탕으로 화이트초콜릿을 녹여도 괜찮습니다.

2 약 36~40℃가 되면 버터를 넣고 잘 섞어 마무리합니다. 이때 버터는 실온에 두어 말랑말랑한 상태의 버터를 사용해야 합니다.

만들기

1 볼에 달걀(전란)과 달걀노른자를 넣고 거품기로 고루 섞어줍니다.

◖ 이미 달걀을 풀어 준비해두었지만 반죽을 만들기 전에 달걀을 마지막으로 충분히 풀어주는 것이 좋아요.

2 설탕을 붓고 거품기로 충분히 섞다가 꿀을 넣고 고루 섞으세요.

◖ 이때 설탕을 넣고 과도하게 거품을 낼 필요는 없습니다.

1

2

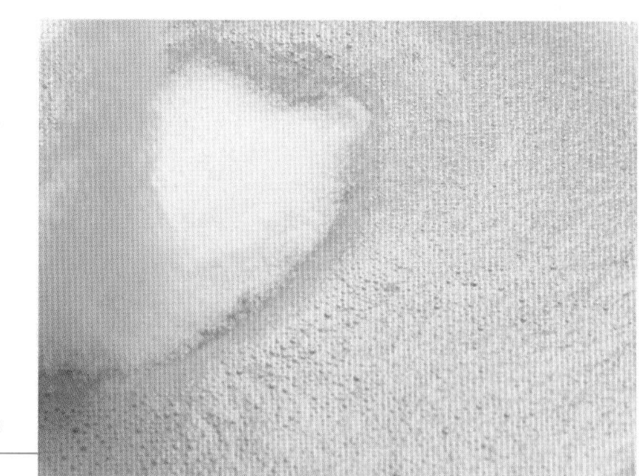

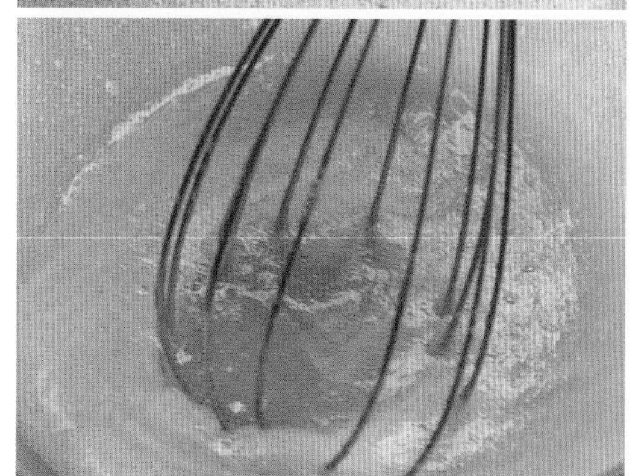

3 체 친 박력분, 아몬드 파우더, 옥수수 전분, 베이킹파우더를 넣고 반죽이 매끄러워질 때까지 고루 섞습니다.

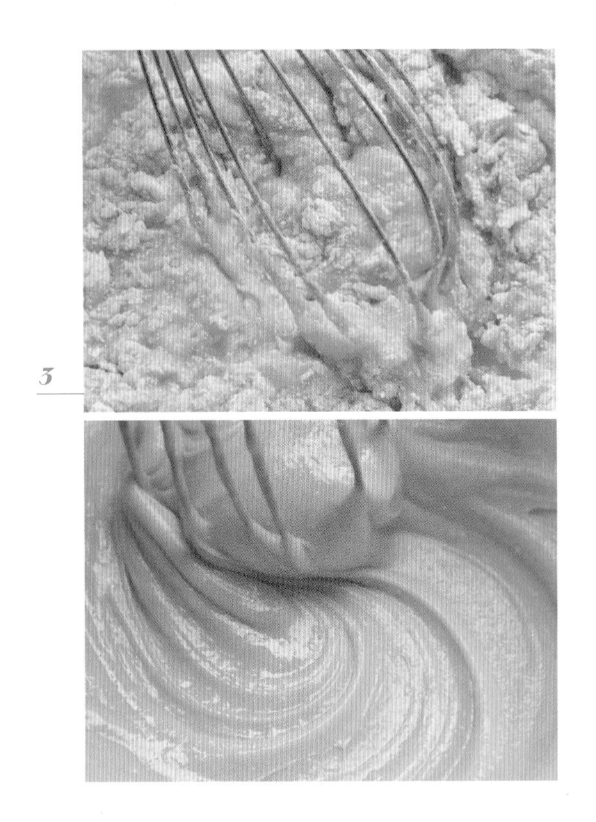
3

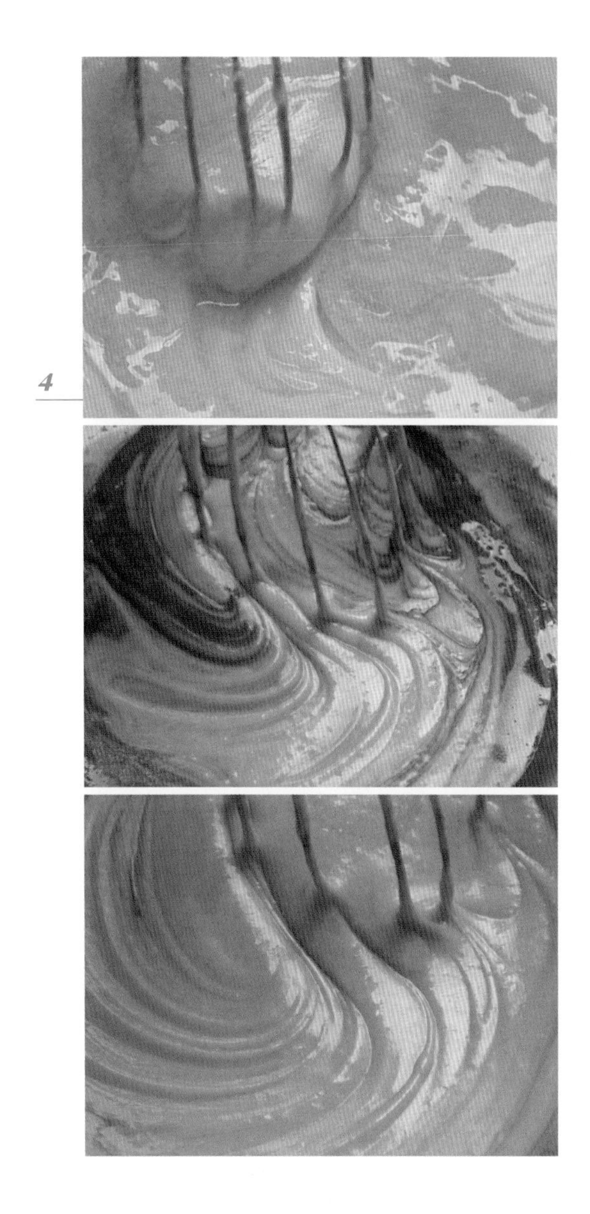

4 60℃ 정도로 녹인 버터를 넣고 고루 섞다가 인스턴트 커피를 녹인 우유를 넣고 더 섞으세요.

◖ 너무 과하게 반죽을 섞으면 공기가 많이 들어가 구멍이 많은 마들렌이 될 수 있어요.

5 반죽이 완성되면 누락되는 반죽이 없도록 고무 주걱으로 볼의 옆면을 깔끔하게 정리합니다.

6 볼에 랩을 씌워 냉장실에서 1시간가량 휴지합니다.

7 냉장 휴지한 반죽을 고무 주걱으로 가볍게 섞고 짤주머니에 담아 버터 칠한 틀에 채웁니다.

8 180℃로 예열한 오븐에서 11분간 구운 다음 틀에서 분리해 식힙니다.

◖ 중간에 팬을 앞뒤로 바꾸어 구움색이 고르게 나도록 만들어줍니다.

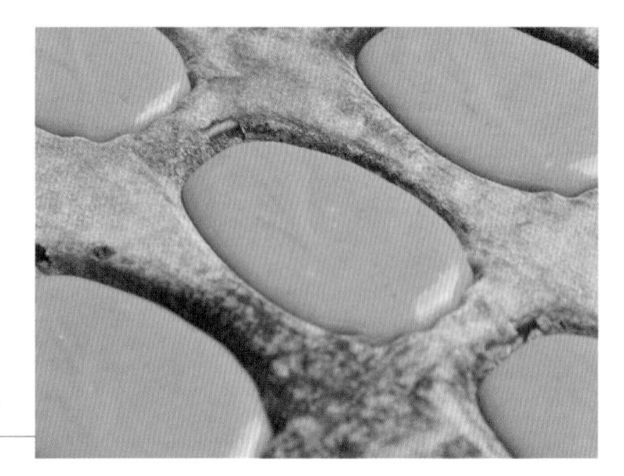
7

8

9 짤주머니에 미리 만들어둔 연유 가나슈를 담습니다.

10 완전히 식힌 마들렌 가운데 튀어나온 배꼽 부분에 짤주머니 깍지를 살짝 넣었다 빼 구멍을 내고 연유 가나슈를 채웁니다.

9

10

초콜릿 체리 마들렌

Chocolate Cherry Madeleine

진한 초콜릿 마들렌에 체리가 콕콕 박힌 초콜릿&체리 글레이즈까지 듬뿍 뿌린 달콤한 마들렌입니다. 이유 없이 우울하고 기분이 가라앉는 날 만들어보면 어떨까요? 오븐에서 나오는 진한 초콜릿 향이 주방을 가득 채우는 순간 어느새 기분이 좋아질 거예요.

CHOCOLATE

CHERRY

CHERRY

CHERRY

재료

(실리코마트 빅 사바랭 SF012 6구)

달걀 75g

설탕 53g

꿀 15g

박력분 60g

코코아 파우더 15g

베이킹파우더 3g

버터 42g

카카오닙스 5g

-

불린 건체리

건체리 40g

키르슈 10g

-

초콜릿&체리 글레이즈

다크초콜릿 커버처 300g

포도씨오일 75g

건체리 36g

준비하기

1. 달걀은 거품기로 잘 풀어 실온 상태로 준비합니다.
2. 박력분, 코코아 파우더, 베이킹파우더는 체에 칩니다.
3. 버터는 전자레인지에 녹여서 약 60℃로 준비합니다.
4. 불린 건체리는 미리 만들어둡니다.
5. 초콜릿&체리 글레이즈는 미리 만들어 약 25℃로 맞춰둡니다.
6. 틀에 실온 상태의 버터(분량 외)를 칠한 뒤, 냉장 보관합니다.
7. 오븐은 165℃로 예열합니다.

불린 건체리 만들기

1. 건체리에 키르슈를 붓고 하루 정도 불립니다.
2. 키친타월로 수분을 제거합니다.

초콜릿&체리 글레이즈 만들기

1. 건체리는 굵게 다집니다.
2. 다크초콜릿 커버처는 중탕하여 녹입니다.
3. 중탕한 초콜릿에 포도씨오일을 붓고 고루 섞다가 다진 건체리를 넣고 더 섞습니다.

만들기

1 볼에 달걀을 넣고 거품기로 고루 섞어줍니다.

◖ 이미 달걀을 풀어 준비해두었지만 반죽을 만들기 전에 달걀을 마지막으로 충분히 풀어주는 것이 좋아요.

2 설탕을 붓고 거품기로 충분히 섞다가 꿀을 넣고 고루 섞으세요.

◖ 이때 설탕을 넣고 과도하게 거품을 낼 필요는 없습니다.

1

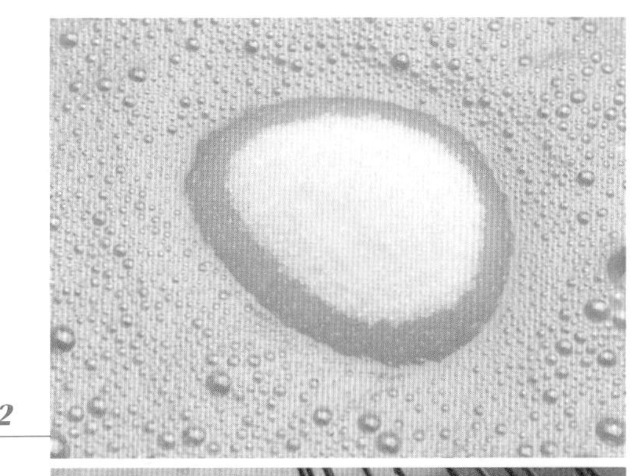

2

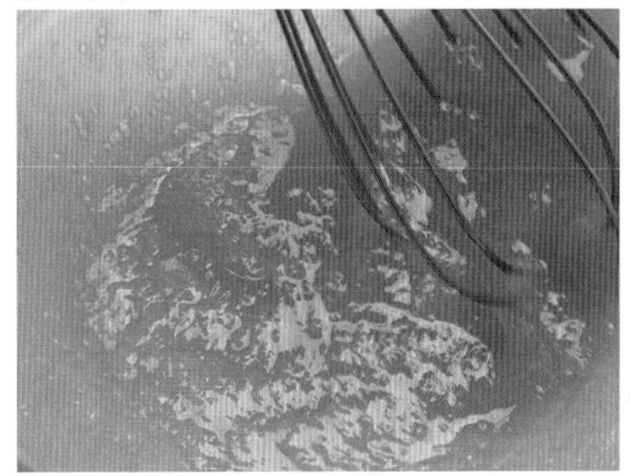

3

3 체 친 박력분, 코코아 파우더, 베이킹파우더를 넣고 반죽이 매끄러워질 때까지 고루 섞습니다.

4 60℃ 정도로 녹인 버터를 넣고 고루 섞다가 불린 건 체리와 카카오닙스를 넣고 더 섞으세요.

◖ 너무 과하게 반죽을 섞으면 공기가 많이 들어가 구멍이 많은 마들렌이 될 수 있어요.

5 반죽이 완성되면 누락되는 반죽이 없도록 고무 주걱으로 볼의 옆면을 깔끔하게 정리합니다.

6 볼에 랩을 씌워 냉장실에서 1시간가량 휴지합니다.

7 냉장 휴지한 반죽을 고무 주걱으로 가볍게 섞고 짤주머니에 담아 버터 칠한 틀에 채웁니다.

◖ 이때 사바랭 틀의 가장자리를 도넛 모양으로 동그랗게 채우고 가운데 부분을 비워둡니다. 굽는 동안 자연스러운 모양으로 채워집니다.

8 165℃로 예열한 오븐에서 20분간 굽습니다.

◖ 중간에 팬을 앞뒤로 바꾸어 구움색이 고르게 나도록 만들어줍니다.

5

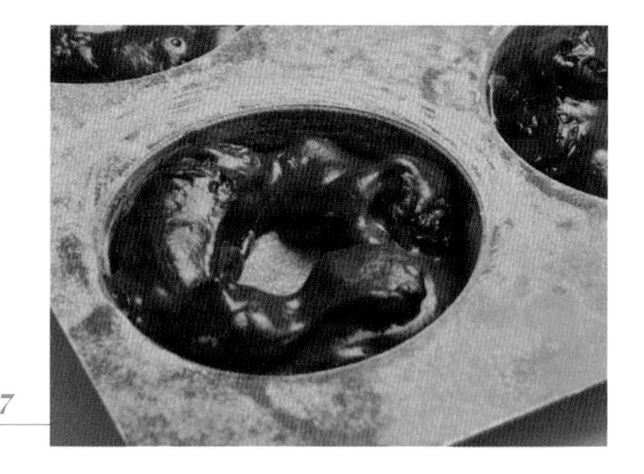

7

9

10

9 틀에서 분리해 식힌 마들렌을 냉동실에 30분가량 넣어 차갑게 만듭니다.

10 차가운 마들렌을 식힘망 위에 올리고 25℃로 준비한 초콜릿&체리 글레이즈를 뿌린 뒤 완전히 굳힙니다.

◖ 오븐에서 갓 꺼낸 마들렌에 글레이즈를 뿌리면 글레이즈가 굳지 않고 흘러내릴 수 있어요.

◖ 글레이즈를 조금 더 빨리 굳히고 싶으면 냉동실에 10~15분 넣어두세요.

보이차 마들렌

Puer Tea Madeleine

은은하게 퍼지는 보이차의 향과 고소한 마들렌의 궁합이 참 좋은 마들렌입니다. 은은한 보이차의 향은 남녀노소 누구나 거부감 없이 좋아하죠. 따뜻한 보이차 한 잔과 함께하면 더 근사한 마들렌이 될 거예요.

Hello!

Madeleine

재료

(플렉시판 마들렌 8구)

달걀(전란) 57g
달걀노른자 6g
설탕 58g
박력분 43g
보이차 가루 4g
베이킹파우더 2g
버터 60g
화이트초콜릿 커버처 20g

준비하기

1 달걀(전란)과 달걀노른자는 거품기로 잘 풀어 실온 상태로 준비합니다.

2 박력분, 보이차 가루, 베이킹파우더는 체에 칩니다.

3 버터는 전자레인지에 녹여서 약 60℃로 준비합니다.

4 화이트초콜릿 커버처는 전자레인지에 돌려 약 40℃로 준비합니다.

◖ 중탕으로 녹여도 좋아요.

5 틀에 실온 상태의 버터(분량 외)를 칠한 뒤, 냉장 보관합니다.

6 오븐은 180℃로 예열합니다.

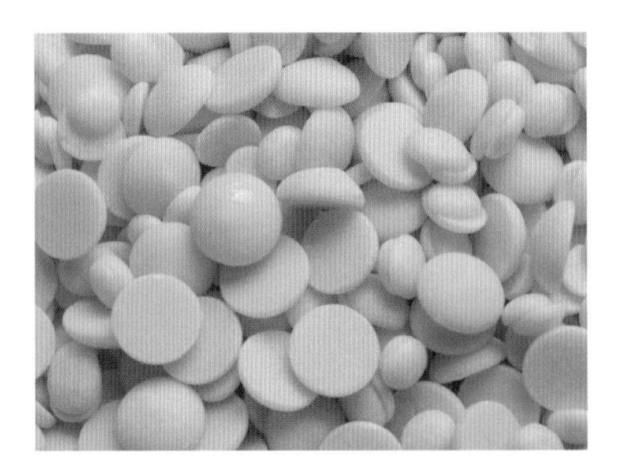

1 볼에 달걀(전란)과 달걀노른자를 넣고 거품기로 고루 섞어줍니다.

◖ 이미 달걀을 풀어 준비해두었지만 반죽을 만들기 전에 달걀을 마지막으로 충분히 풀어주는 것이 좋아요.

2 설탕을 넣고 거품기로 충분히 섞습니다.

◖ 이때 과도하게 거품을 낼 필요는 없습니다.

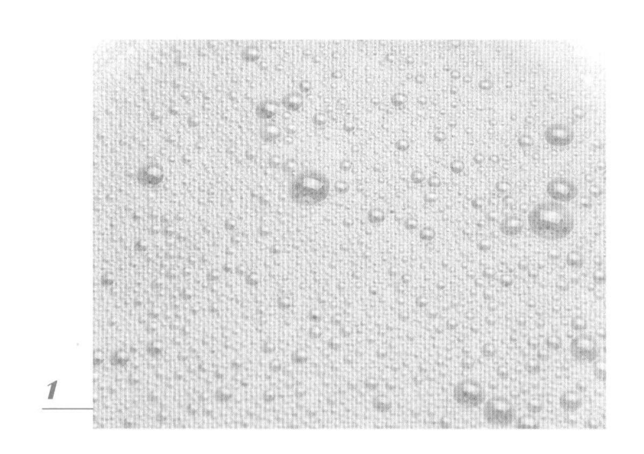

1

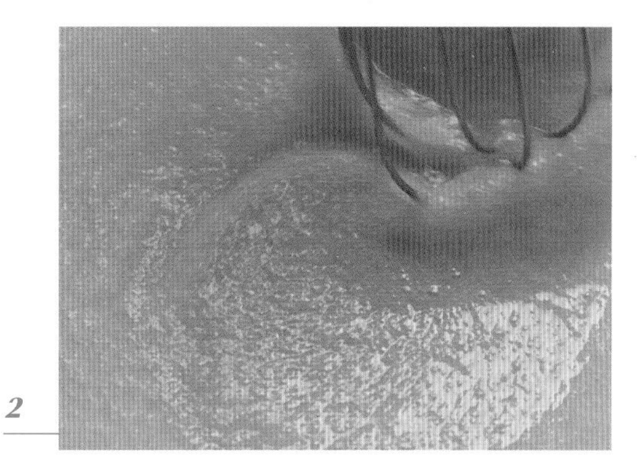

2

3 체 친 박력분, 보이차 가루, 베이킹파우더를 넣고 반죽이 매끄러워질 때까지 고루 섞습니다.

4 60℃ 정도로 녹인 버터와 40℃ 정도로 녹인 화이트 초콜릿 커버처를 넣고 고루 섞습니다.

너무 과하게 반죽을 섞으면 공기가 많이 들어가 구멍이 많은 마들렌이 될 수 있어요.

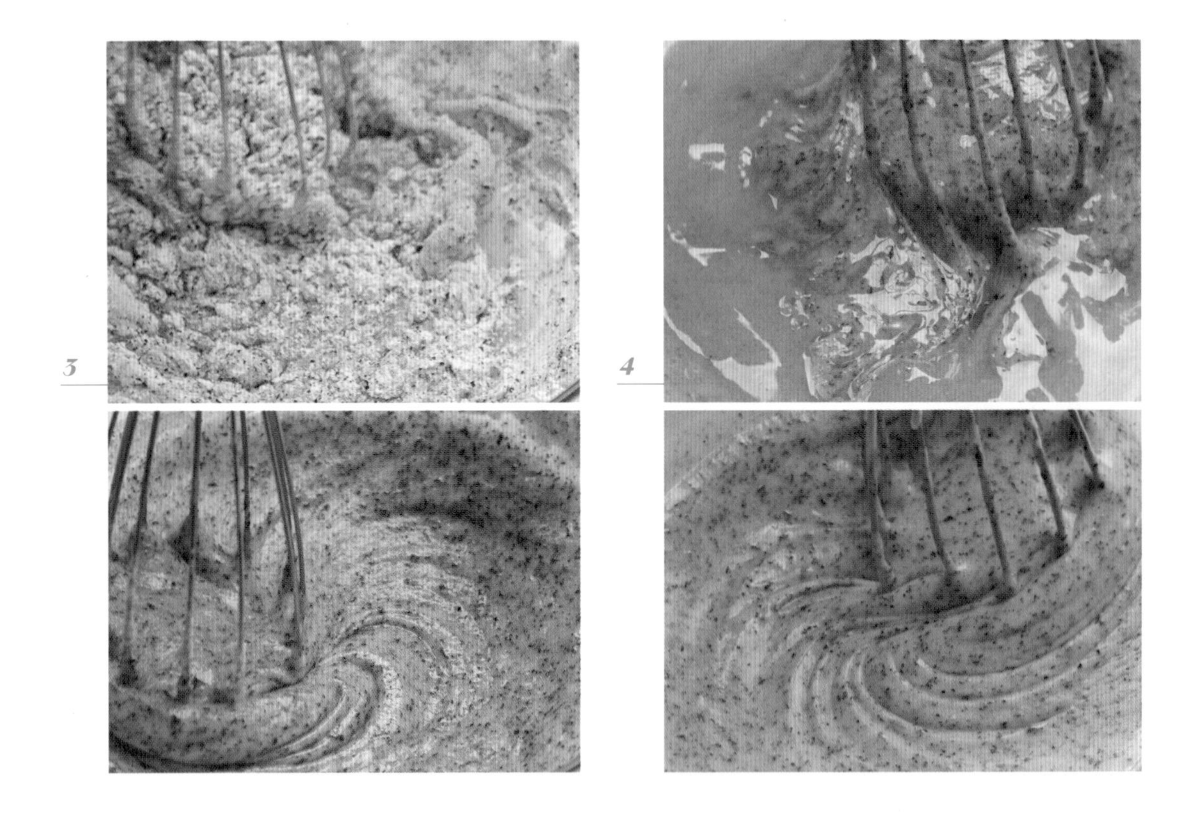

5

7

9

5 반죽이 완성되면 누락되는 반죽이 없도록 고무 주걱으로 볼의 옆면을 깔끔하게 정리합니다.

6 볼에 랩을 씌워 냉장실에서 1시간가량 휴지합니다.

7 냉장 휴지한 반죽을 고무 주걱으로 가볍게 섞고 짤주머니에 담아 버터 칠한 틀에 채웁니다.

8 180℃로 예열한 오븐에서 11분간 굽습니다.

중간에 팬을 앞뒤로 바꾸어 구움색이 고르게 나도록 만들어줍니다.

9 오븐에서 꺼낸 마들렌을 틀에서 바로 분리한 뒤 식힘망 위에 올려 식힙니다.

호두 크림치즈 마들렌

Walnut Cream Cheese Madeleine

크림치즈와 로스팅한 호두로 만든 필링을 마들렌에 샌드하듯 가득 채웠어요. 촉촉한 마들렌과 부드러운 크림치즈 필링의 조화가 참 좋겠지요? 마들렌을 반으로 갈라 가운데에 샌드하듯 필링을 채워도 좋고, 모양 깍지를 이용해 마들렌 윗면에 멋스럽게 짜도 좋아요.

재료

(치요다 미니 구겔호프 틀 6구)

달걀 71g
설탕 57g
메이플시럽 14g
박력분 55g
아몬드 파우더 14g
옥수수 전분 19g
베이킹파우더 2g
버터 68g

-

호두 크림치즈

크림치즈 80g
생크림 20g
메이플시럽 18g
다진 호두 12g

준비하기

1 달걀은 거품기로 잘 풀어 실온 상태로 준비합니다.

2 박력분, 아몬드 파우더, 옥수수 전분, 베이킹파우더는 체에 칩니다.

3 버터는 전자레인지에 녹여서 약 60℃로 준비합니다.

4 호두 크림치즈는 미리 만들어둡니다.

5 틀에 실온 상태의 버터(분량 외)를 칠한 뒤, 냉장 보관합니다.

6 오븐은 165℃로 예열합니다.

호두 크림치즈 만들기

1 다진 호두는 170℃로 예열한 오븐에 12분간 구웠다 식힙니다.

◖ 호두는 산패가 빠르게 진행되는 견과류입니다. 되도록 적은 양을 구입하고 남은 호두는 밀봉하여 냉장 또는 냉동 보관하였다가 사용하세요.

2 크림치즈를 고무 주걱으로 부드럽게 푼 다음 생크림과 메이플시럽을 넣고 잘 섞습니다.

3 구운 호두를 넣고 고루 섞어 마무리합니다.

만들기

1 볼에 달걀을 넣고 거품기로 고루 섞어줍니다.

◖ 이미 달걀을 풀어 준비해두었지만 반죽을 만들기 전에 달걀을 마지막으로 충분히 풀어주는 것이 좋아요.

2 설탕을 붓고 거품기로 충분히 섞다가 메이플시럽을 넣고 고루 섞으세요.

◖ 이때 설탕을 넣고 과도하게 거품을 낼 필요는 없습니다.

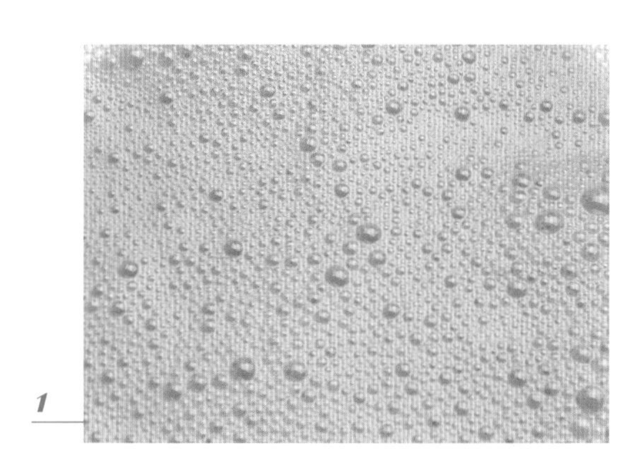

1

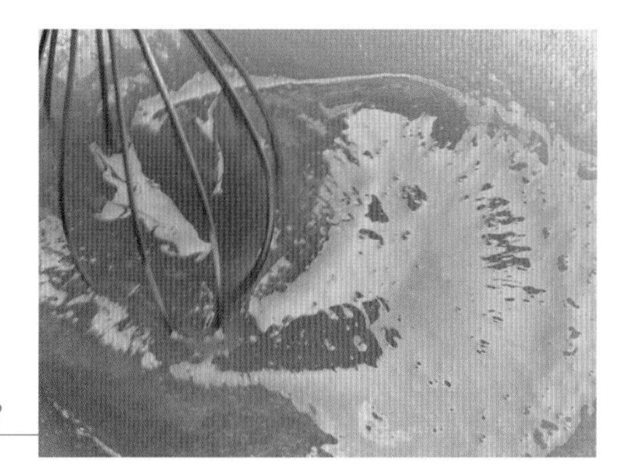

2

3 체 친 박력분, 아몬드 파우더, 옥수수 전분, 베이킹 파우더를 넣고 반죽이 매끄러워질 때까지 고루 섞습니다.

4 60℃ 정도로 녹인 버터를 넣고 고루 섞습니다.

◖ 너무 과하게 섞으면 공기가 많이 들어가 구멍이 많은 마들렌이 될 수 있어요.

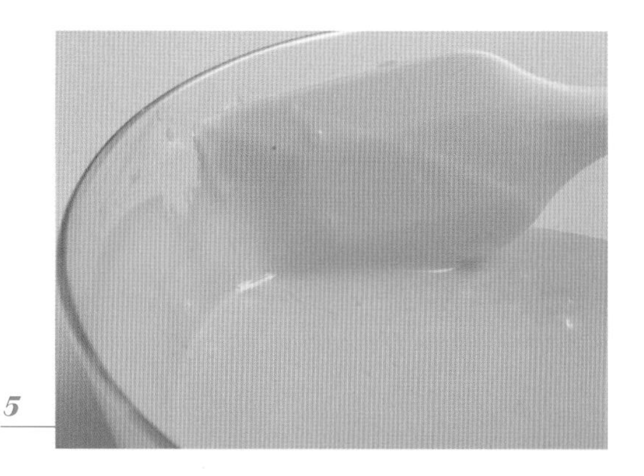
5

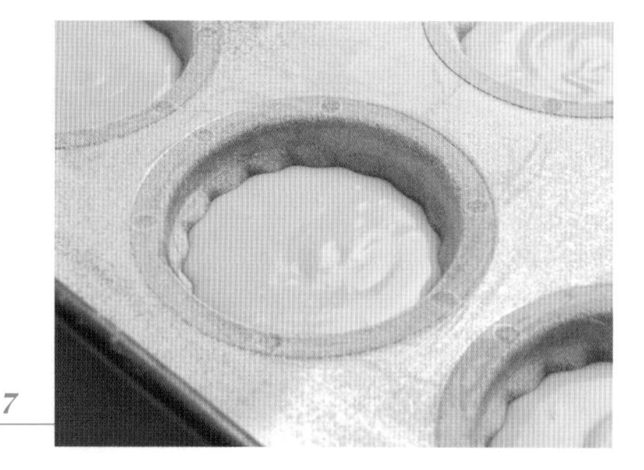
7

8

5 반죽이 완성되면 누락되는 반죽이 없도록 고무 주걱으로 볼의 옆면을 깔끔하게 정리합니다.

6 볼에 랩을 씌워 냉장실에서 1시간가량 휴지합니다.

7 냉장 휴지한 반죽을 고무 주걱으로 가볍게 섞고 짤주머니에 담아 버터 칠한 틀에 채우고 165℃로 예열한 오븐에서 20분간 굽습니다.

◖ 중간에 팬을 앞뒤로 바꾸어 구움색이 고르게 나도록 만들어 둡니다.

8 오븐에서 꺼낸 마들렌을 틀에서 분리하여 완전히 식힌 뒤 호두 크림치즈를 올려 마무리합니다.

◖ 빵칼로 마들렌의 반을 가르고 호두 크림치즈를 발라도 좋습니다.

◖ 반죽 맨 마지막 과정에서 전처리한 다진 호두를 적당량 넣어도 좋습니다.

흑임자 마들렌

Black Sesame Madeleine

블랙 컬러의 세련된 마들렌이에요. 고소함이 가득해 어르신 입맛까지 저격하는 매력이 있죠. 꿀과 흑임자 가루를 듬뿍 묻혀 더욱 맛있는 마들렌입니다. 만드는 동안 고소함이 집 안 가득 퍼질거예요.

I cant' stop

Nutty flavor

재료

(미니 머핀 틀 12구
4.2X3X2㎝ 12개 분량)

달걀(전란) 50g
달걀노른자 5g
설탕 42g
꿀 10g
박력분 42g
콩가루 15g
흑임자 가루 10g
베이킹파우더 2g
버터 52g
우유 15g
흑임자 가루(토핑용) 60g
꿀(토핑용) 20g

준비하기

1 달걀(전란)과 달걀노른자는 거품기로 잘 풀어 실온 상태로 준비합니다.

2 박력분, 콩가루, 흑임자 가루, 베이킹파우더는 체에 칩니다.

3 버터는 전자레인지에 녹여서 약 60℃로 준비합니다.

4 틀에 실온 상태의 버터(분량 외)를 칠한 뒤, 냉장 보관합니다.

5 우유는 실온 상태로 준비합니다.

우유는 냉장고에서 꺼내 냉기를 뺀 후 사용해주세요.

6 오븐은 180℃로 예열합니다.

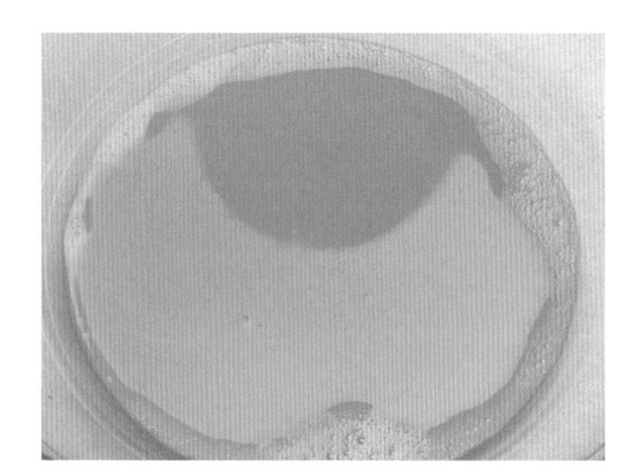

만들기

1 볼에 달걀(전란)과 달걀노른자를 넣고 거품기로 고루 섞어줍니다.

◖ 이미 달걀을 풀어 준비해두었지만 반죽을 만들기 전에 달걀을 마지막으로 충분히 풀어주는 것이 좋아요.

2 설탕을 붓고 거품기로 충분히 섞다가 꿀을 넣고 고루 섞으세요.

◖ 이때 설탕을 넣고 과도하게 거품을 낼 필요는 없습니다.

1

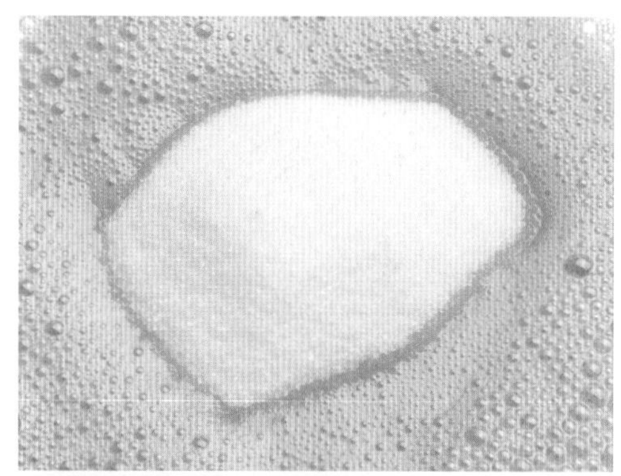

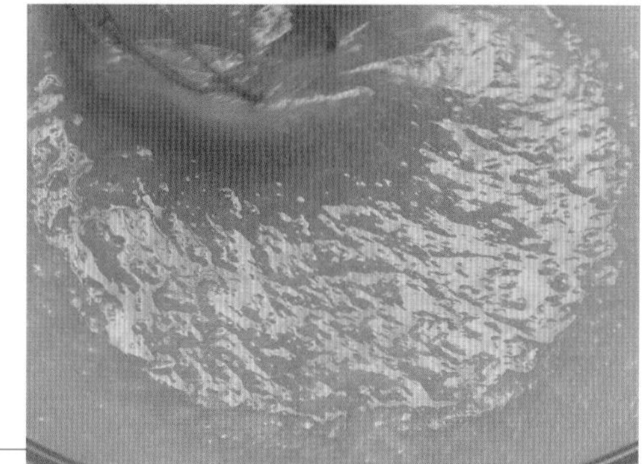

2

3 체 친 박력분, 콩가루, 흑임자 가루, 베이킹파우더를 넣고 반죽이 매끄러워질 때까지 고루 섞습니다.

4 60℃ 정도로 녹인 버터를 넣고 고루 섞으세요.

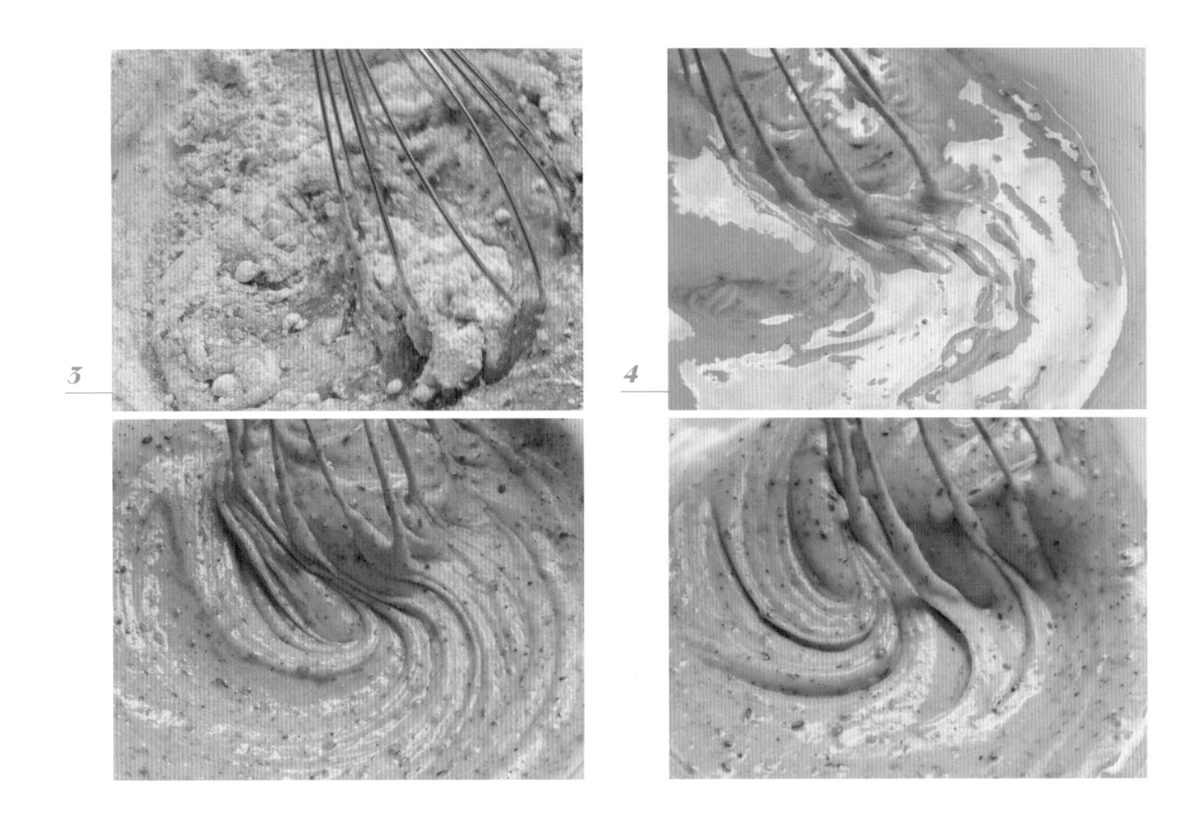

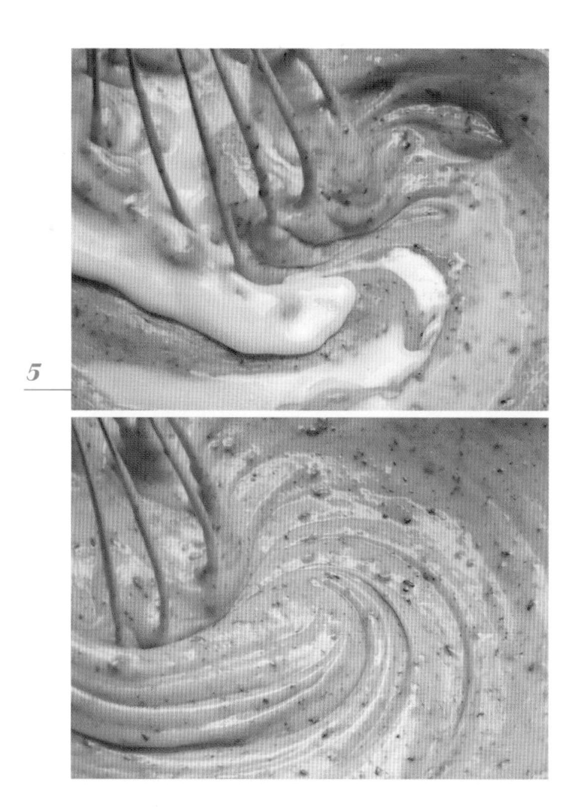

5

5 우유를 붓고 더 섞으세요.

◖ 너무 과하게 반죽을 섞으면 공기가 많이 들어가 구멍이 많은 마들렌이 될 수 있어요..

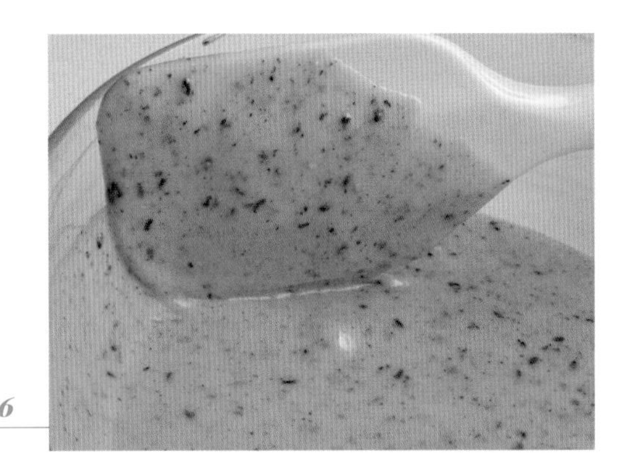

6

8

6 반죽이 완성되면 누락되는 반죽이 없도록 고무 주걱으로 볼의 옆면을 깔끔하게 정리합니다.

7 볼에 랩을 씌워 냉장실에서 1시간가량 휴지합니다.

8 냉장 휴지한 반죽을 고무 주걱으로 가볍게 섞고 짤주머니에 담아 버터 칠한 틀에 채웁니다.

9 180℃로 예열한 오븐에서 11분간 굽습니다.

◖ 중간에 팬을 앞뒤로 바꾸어 구움색이 고르게 나도록 만들어 줍니다.

10 오븐에서 꺼낸 마들렌을 틀에서 분리하여 완전히 식힙니다.

11 마들렌 겉면에 꿀을 바르고 흑임자 가루를 고루 묻혀 마무리합니다.

10

11

초당옥수수 마들렌

Corn Madeleine

요즘 초당옥수수가 참 인기이죠. 고소하고 짭짤한 치즈와 알알이 터지는 초당옥수수가 어우러진 마들렌입니다. 가벼운 와인 한 잔이나 따뜻한 우유 한 잔과도 참 잘 어울려요.

재료(플렉시판 마들렌 8구)
달걀(전란) 50g
달걀노른자 5g
설탕 42g
박력분 42g
아몬드 파우더 14g
옥수수 가루 8g
베이킹파우더 2g
파마산 치즈 8g
버터 52g
우유 8g
파마산 치즈(토핑용) 적당량

-

삶은 초당옥수수
초당옥수수 알갱이 60g
물 적당량
소금 조금

준비하기

1. 달걀(전란)과 달걀노른자는 거품기로 잘 풀어 실온 상태로 준비합니다.
2. 박력분, 아몬드 파우더, 옥수수 가루, 베이킹파우더는 체에 칩니다.
3. 버터는 전자레인지에 녹여서 약 60℃로 준비합니다.
4. 우유는 실온 상태로 준비합니다.
5. 반죽에 들어갈 파마산 치즈는 곱게 갈아 준비합니다.
6. 초당옥수수는 미리 삶아둡니다.
7. 틀에 실온 상태의 버터(분량 외)를 칠한 뒤, 냉장 보관합니다.
8. 오븐은 180℃로 예열합니다.

초당옥수수 삶기

1. 초당옥수수 알갱이를 칼로 긁어냅니다.
2. 끓는 물에 소금을 조금 넣은 뒤 약 7분간 삶아 체로 건집니다.

◖ 초당옥수수가 없다면 찰옥수수나 옥수수 캔을 사용해도 좋습니다.

만들기

1 볼에 달걀(전란)과 달걀노른자를 넣고 거품기로 고루 섞어줍니다.

◖ 이미 달걀을 풀어 준비해두었지만 반죽을 만들기 전에 달걀을 마지막으로 충분히 풀어주는 것이 좋아요.

2 설탕을 붓고 거품기로 고루 섞습니다.

◖ 이때 설탕을 넣고 너무 과도하게 거품을 낼 필요는 없습니다.

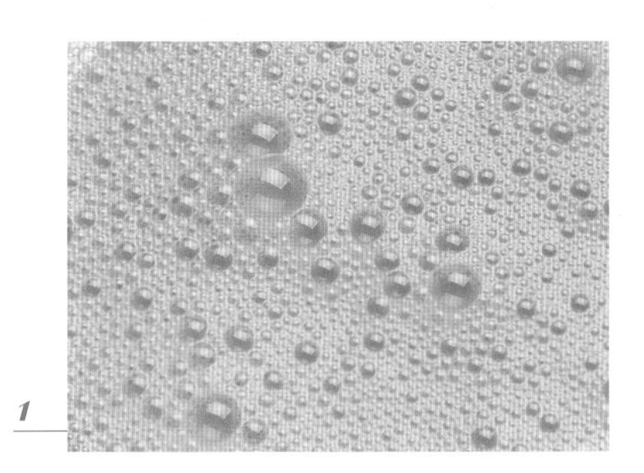

1

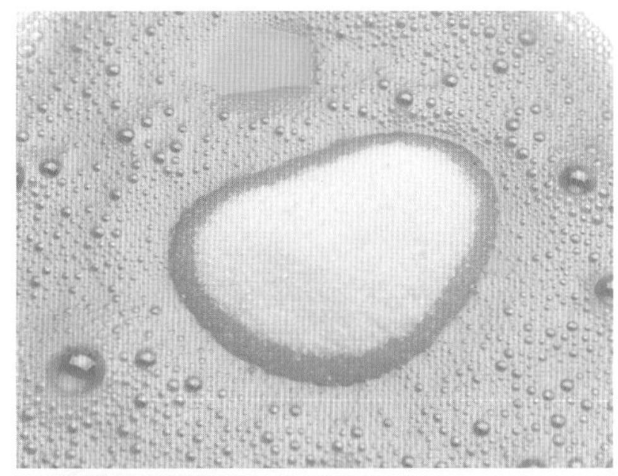

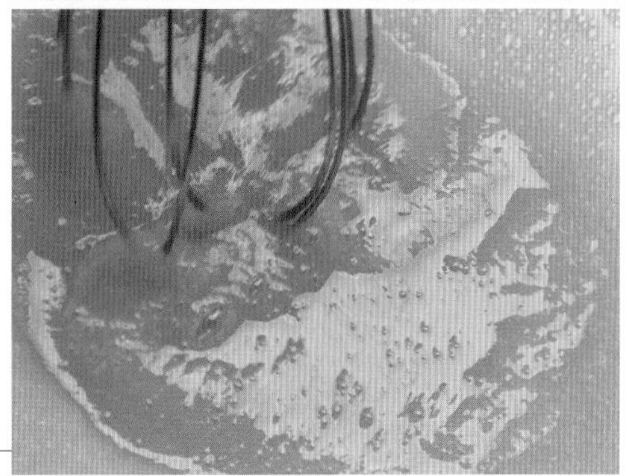

2

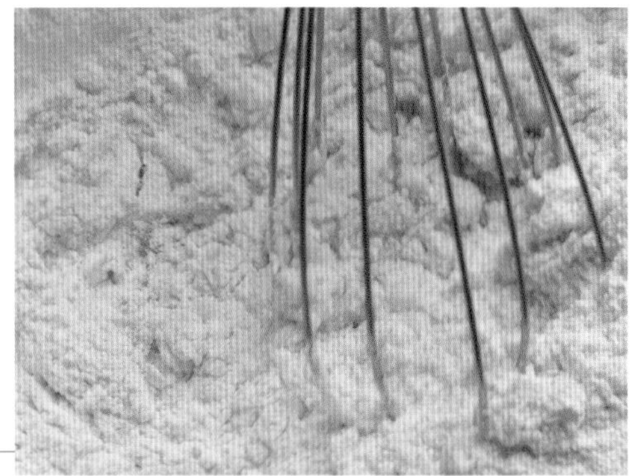

3

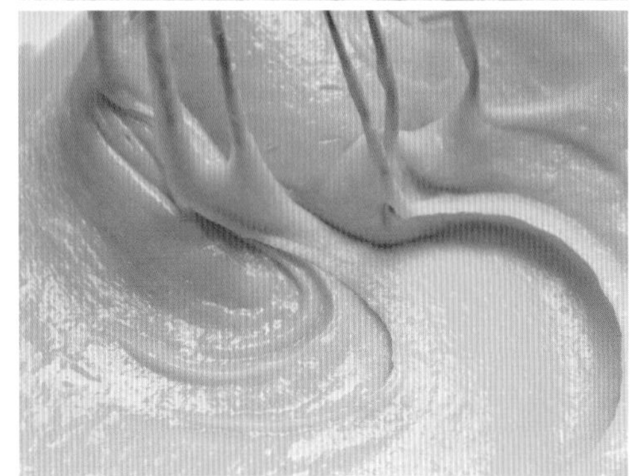

3 체 친 박력분, 아몬드 파우더, 옥수수 가루, 베이킹파우더를 넣고 반죽이 매끄러워질 때까지 고루 섞다가 파마산 치즈를 넣고 섞습니다.

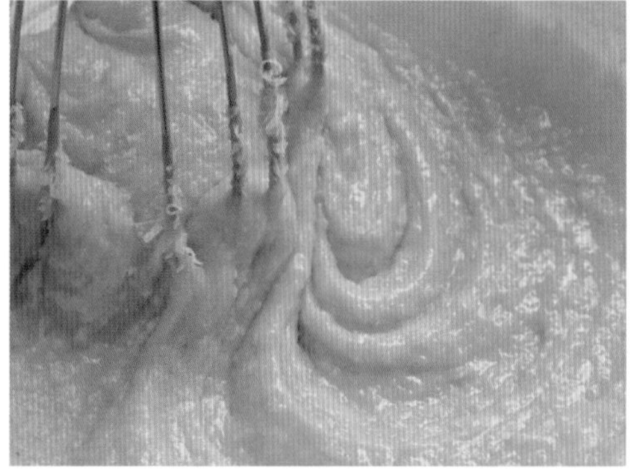

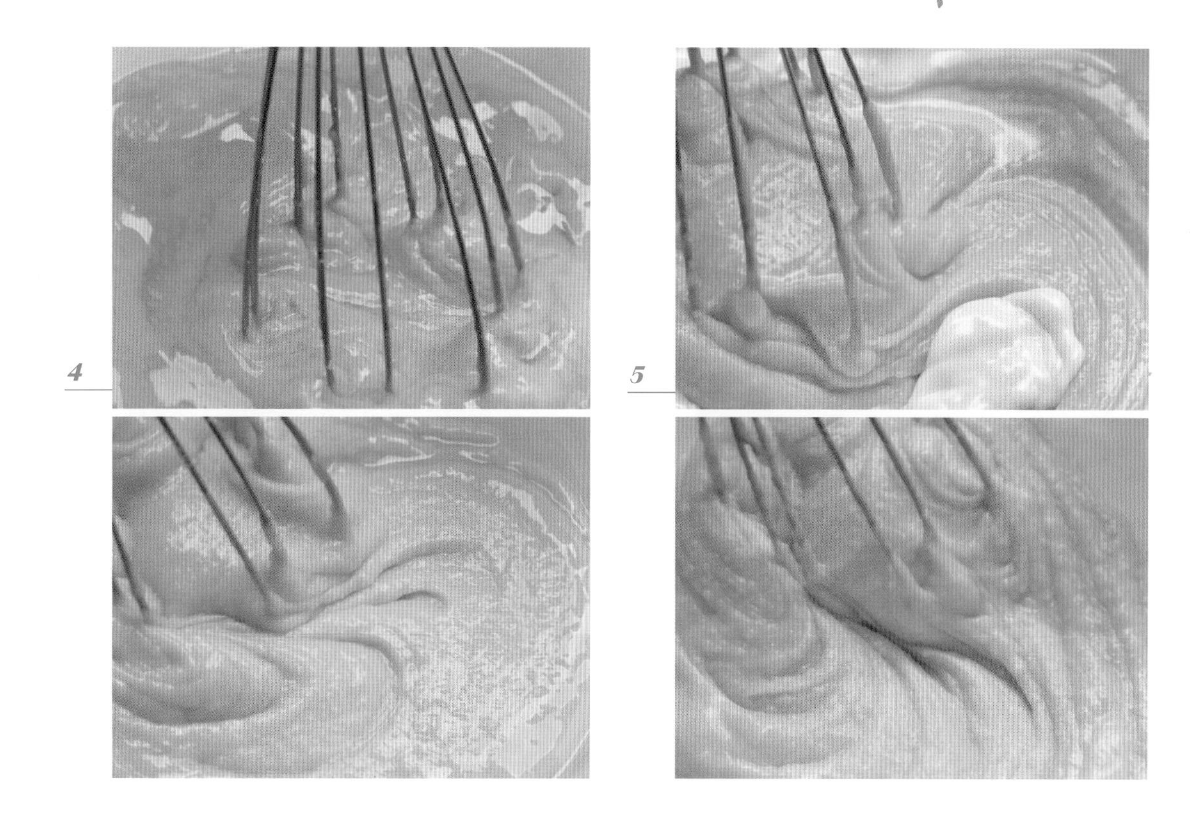

4 60℃ 정도로 녹인 버터를 넣고 고루 섞으세요.

5 우유를 붓고 더 섞으세요.

◖ 너무 과하게 반죽을 섞으면 공기가 많이 들어가 구멍이 많은 마들렌이 될 수 있어요.

6 삶은 옥수수를 넣고 고무 주걱으로 섞어줍니다.

7 반죽이 완성되면 누락되는 반죽이 없도록 고무 주걱으로 볼의 옆면을 깔끔하게 정리합니다.

8 볼에 랩을 씌워 냉장실에서 1시간가량 휴지합니다.

6

7

9 냉장 휴지한 반죽을 고무 주걱으로 가볍게 섞고 짤주머니에 담아 버터 칠한 틀에 채웁니다.

10 180℃로 예열한 오븐에서 11분간 굽습니다.

◖ 중간에 팬을 앞뒤로 바꾸어 구움색이 고르게 나도록 만들어 줍니다.

11 오븐에서 꺼낸 마들렌을 식힘망 위에 올려 완전히 식힌 뒤 마들렌 윗면에 토핑용 파마산 치즈를 갈아 뿌립니다.

9

11

트러플 마들렌

Truffle Madeleine

트러플오일과 트러플 치즈를 듬뿍 넣어 만든 마들렌이에요. 이 마들렌을 만들 때면 공간을 가득 채우는 트러플 향 덕분에 얼마나 행복한지 몰라요. 트러플 마들렌은 다른 마들렌과 함께 두지 마세요. 트러플 향이 강해 다른 마들렌에 옮아갈 수 있거든요.

TRUFFLE CHEESE & TRUFFLE OIL

재료(플렉시판 마들렌 8구)

달걀(전란) 60g

달걀노른자 7g

설탕 46g

박력분 52g

아몬드 파우더 18g

베이킹파우더 3g

트러플오일 50g

사워크림 13g

트러플 치즈 40g

준비하기

1. 달걀(전란)과 달걀노른자는 거품기로 잘 풀어 실온 상태로 준비합니다.
2. 박력분, 아몬드 파우더, 베이킹파우더는 체에 칩니다.
3. 트러플오일은 전자레인지에 돌려 약 60℃로 준비합니다.
4. 사워크림은 실온 상태로 준비합니다.
5. 트러플 치즈는 사방 1㎝ 크기로 깍뚝썰기하여 준비합니다.
6. 틀에 실온 상태의 버터(분량 외)를 칠한 뒤, 냉장 보관합니다.
7. 오븐은 180℃로 예열합니다.

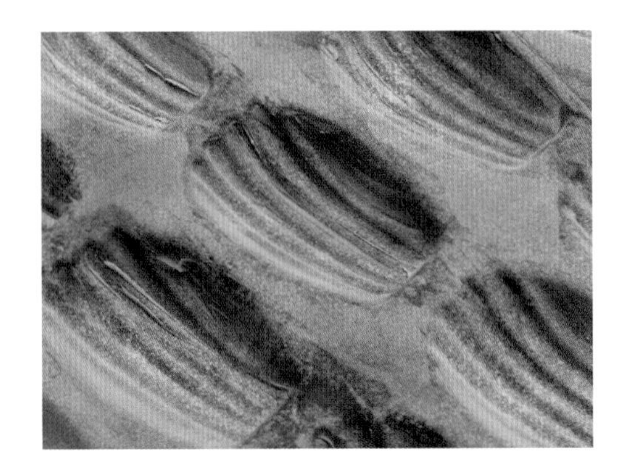

1 볼에 달걀(전란)과 달걀노른자를 넣고 거품기로 고루 섞어줍니다.

◖ 이미 달걀을 풀어 준비해두었지만 반죽을 만들기 전에 달걀을 마지막으로 충분히 풀어주는 것이 좋아요.

2 설탕을 붓고 거품기로 고루 섞습니다.

◖ 이때 설탕을 넣고 과도하게 거품을 낼 필요는 없습니다.

1

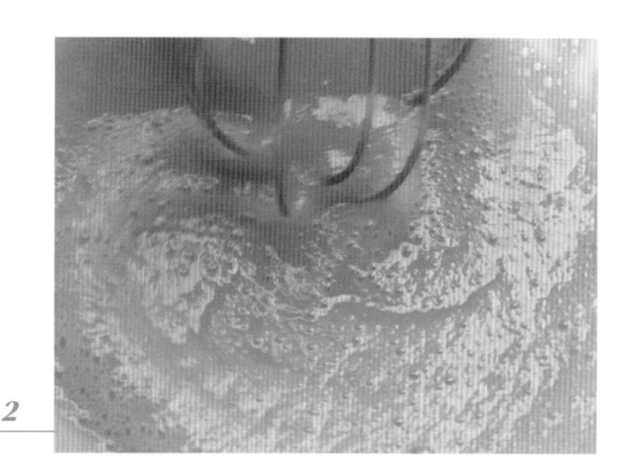

2

3 체 친 박력분, 아몬드 파우더, 베이킹파우더를 넣고 반죽이 매끄러워질 때까지 고루 섞습니다.

4 약 60℃의 트러플오일을 넣고 고루 섞습니다.

5

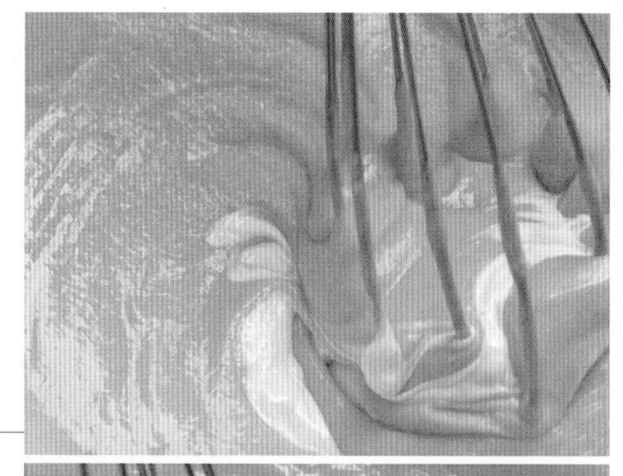

5 사워크림을 넣고 고루 섞습니다.

◖ 너무 과하게 반죽을 섞으면 공기가 많이 들어가 구멍이 많은 마들렌이 될 수 있어요.

6 반죽이 완성되면 누락되는 반죽이 없도록 고무 주걱으로 볼의 옆면을 깔끔하게 정리합니다.

7 볼에 랩을 씌워 냉장실에서 1시간가량 휴지합니다.

8 냉장 휴지한 반죽을 고무 주걱으로 가볍게 섞고 짤주머니에 담아 버터 칠한 틀에 반죽을 채웁니다.

6

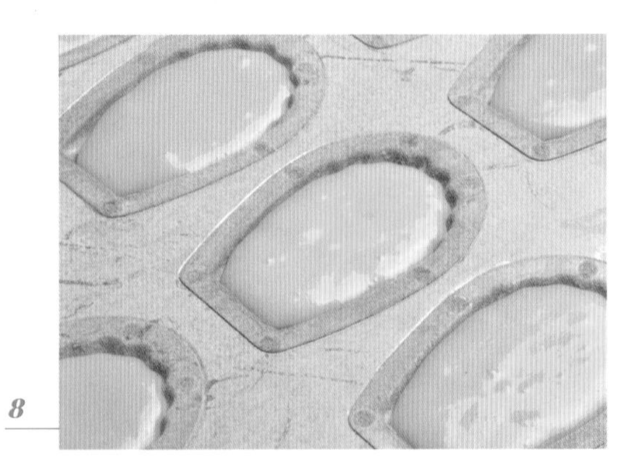

8

9

10

9 위에 깍뚝썰기한 트러플 치즈를 올리고 180℃로 예열한 오븐에서 11분간 굽습니다.

◖ 중간에 팬을 앞뒤로 바꾸어 구움색이 고르게 나도록 만들어줍니다.

◖ 트러플 치즈가 없으면 체다 치즈나 모차렐라 치즈를 사용해도 좋습니다.

10 오븐에서 꺼낸 마들렌을 틀에서 바로 분리한 뒤 식힘망위에 올려 완전히 식힙니다.

오레오 마들렌

Oreo Madeleine

오레오 쿠키로 달을 가리던 광고를 기억하시나요? 그 광고가 참 인상적이어서 만들게 된 마들렌입니다. 이 마들렌을 먹을 땐 우유에 푹 찍어보세요. 따뜻한 카페라테에 푹 담갔다 한입 가득 먹어도 좋아요. 촉촉함과 달콤함이 하루의 스트레스를 다 풀어줄 거예요.

EDUARD
MÖRIKE

Oreo cookies &

butter cream

재료(실리코마트 반구 6구 SF002 6개 분량)

달걀(전란) 70g
달걀노른자 6g
꿀 12g
설탕 58g
박력분 55g
아몬드 파우더 18g
오레오 가루 20g
베이킹파우더 2g
버터 70g
생크림 15g

-

오레오 버터크림

버터 40g
연유 15g
생크림 65g
오레오 쿠키 32g

준비하기

1. 달걀(전란)과 달걀노른자는 거품기로 잘 풀어 실온 상태로 준비합니다.
2. 박력분, 아몬드 파우더, 오레오 가루, 베이킹파우더는 체에 칩니다.
3. 버터는 전자레인지에 녹여서 약 60℃로 준비합니다.
4. 생크림은 실온 상태로 준비합니다.
5. 오레오 버터크림은 미리 만들어둡니다.
6. 틀에 실온 상태의 버터(분량 외)를 칠한 뒤, 냉장 보관합니다.
7. 오븐은 165℃로 예열합니다.

오레오 버터크림 만들기

1. 오레오 쿠키는 하얀 크림 부분을 긁어내고 잘게 다집니다.

   ◖ 과정이 번거롭게 느껴진다면 시중에 판매되는 오레오 파우더를 사용해도 좋습니다.

2. 버터를 거품기로 부드럽게 풀고 연유, 생크림을 넣어 고루 섞습니다.
3. 다진 오레오 쿠키를 넣고 고루 섞으세요.

만들기

1 볼에 달걀(전란)과 달걀노른자를 넣고 거품기로 고루 섞어줍니다.

◖ 이미 달걀을 풀어 준비해두었지만 반죽을 만들기 전에 달걀을 마지막으로 충분히 풀어주는 것이 좋아요.

2 설탕을 붓고 거품기로 충분히 섞다가 꿀을 넣고 고루 섞으세요.

◖ 이때 설탕을 넣고 과도하게 거품을 낼 필요는 없습니다.

1

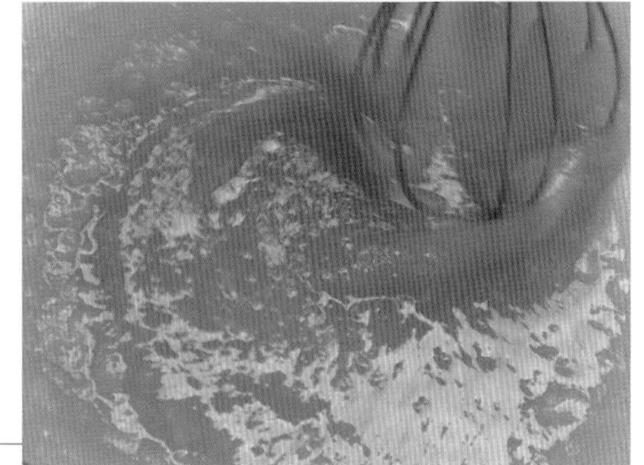

2

3 체 친 박력분, 아몬드 파우더, 오레오 가루, 베이킹파우더를 넣고 반죽이 매끄러워질 때까지 고루 섞습니다.

4 60℃ 정도로 녹인 버터를 넣고 고루 섞으세요.

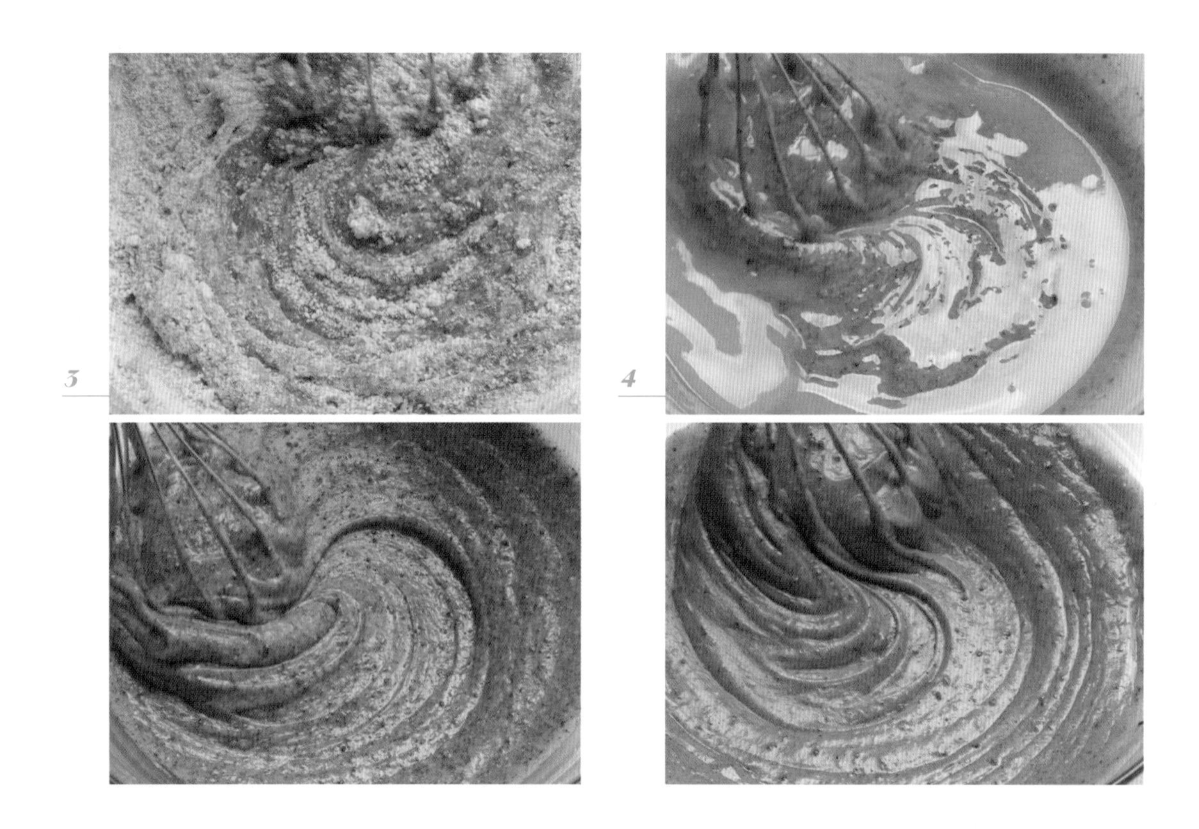

3

4

5

5 생크림을 넣고 더 섞으세요.

◖ 너무 과하게 반죽을 섞으면 공기가 많이 들어가 구멍이 많은 마들렌이 될 수 있어요.

6

8

6 반죽이 완성되면 누락되는 반죽이 없도록 고무 주걱으로 볼의 옆면을 깔끔하게 정리합니다.

7 볼에 랩을 씌워 냉장실에서 1시간가량 휴지합니다.

8 냉장 휴지한 반죽을 고무 주걱으로 가볍게 섞고 짤주머니에 담아 버터 칠한 틀에 채웁니다.

9

10

9 165℃로 예열한 오븐에서 20분간 구운 다음 틀에서 분리해 식힙니다.

◖ 중간에 팬을 앞뒤로 바꾸어 구움색이 고르게 나도록 만들어줍니다.

10 완전히 식힌 마들렌에 오레오 버터크림을 얹어 마무리합니다.

얼그레이 마들렌

Earl Grey Madeleine

얼그레이 향이 낯설면서도 좋았던 제 어릴 적 기억이 떠오르는 마들렌입니다. 목넘김이 따끔한 콜라나 크림이 가득해 달콤한 도넛을 처음 먹었을 때처럼 얼그레이 향 가득한 마들렌 또한 처음 접하는 누군가에게 추억의 디저트로 남기 바랍니다.

Glaze on

Madelein

재료(플렉시판 마들렌 8구)

달걀 62g

황설탕 65g

꿀 6g

박력분 60g

아몬드 파우더 10g

옥수수 전분 10g

베이킹파우더 3g

버터 62g

생크림 16g

얼그레이 가루 1g

-

분당 글레이즈

분당 40g

물 10g

1 달걀은 거품기로 잘 풀어 실온 상태로 준비합니다.

2 박력분, 아몬드 파우더, 옥수수 전분, 베이킹파우더 체에 칩니다.

3 버터는 전자레인지에 녹여서 약 60℃로 준비합니다.

4 전자레인지 돌려 약 70℃로 데운 생크림에 얼그레이 가루를 섞고 실온에 30분 두어 향이 배게 합니다.

5 분당 글레이즈는 미리 만들어둡니다.

6 틀에 실온 상태의 버터(분량 외)를 칠한 뒤, 냉장 보관합니다.

7 오븐은 180℃로 예열합니다.

분당 글레이즈 만들기

볼에 분당과 물을 넣고 고루 섞으세요.

1 볼에 달걀을 넣고 거품기로 고루 섞어줍니다.

◖ 이미 달걀을 풀어 준비해두었지만 반죽을 만들기 전에 달걀을 마지막으로 충분히 풀어주는 것이 좋아요.

2 황설탕을 붓고 거품기로 충분히 섞다가 꿀을 넣고 고루 섞으세요.

◖ 황설탕의 풍미가 얼그레이와 잘 어울리지만 백설탕을 사용해도 좋습니다.

◖ 이때 설탕을 넣고 과도하게 거품을 낼 필요는 없습니다.

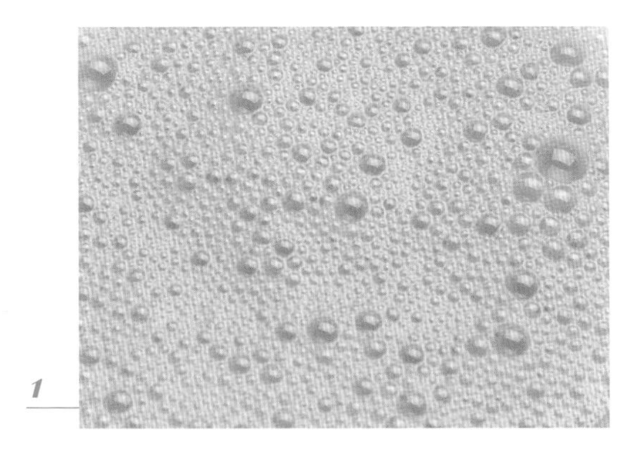

1

2

3 체 친 박력분, 아몬드 파우더, 옥수수 전분, 베이킹 파우더를 넣고 반죽이 매끄러워질 때까지 고루 섞습니다.

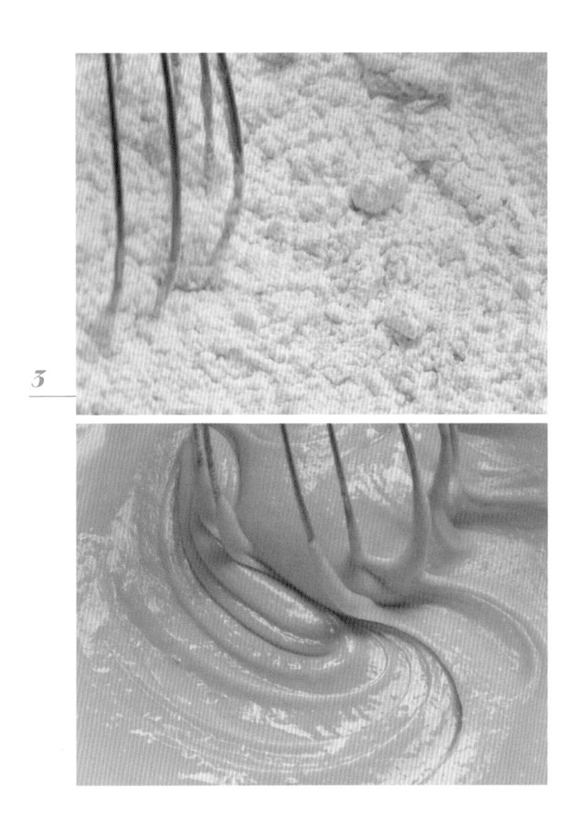
3

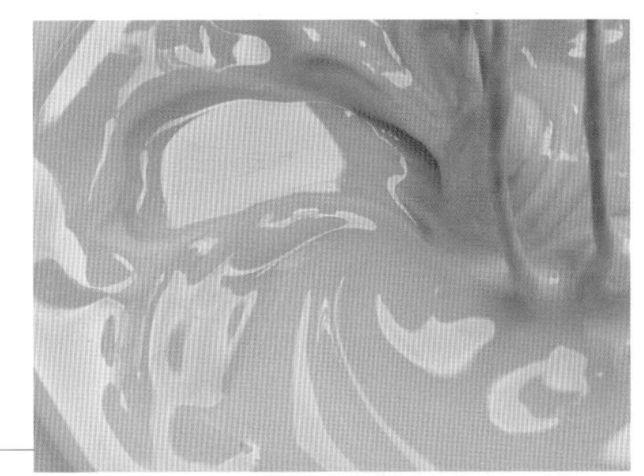

4

4 60℃ 정도로 녹인 버터를 넣고 고루 섞습니다.

5 얼그레이 가루와 섞어둔 생크림을 반죽에 고루 섞습니다.

◖ 너무 과하게 반죽을 섞으면 공기가 많이 들어가 구멍이 많은 마들렌이 될 수 있어요.

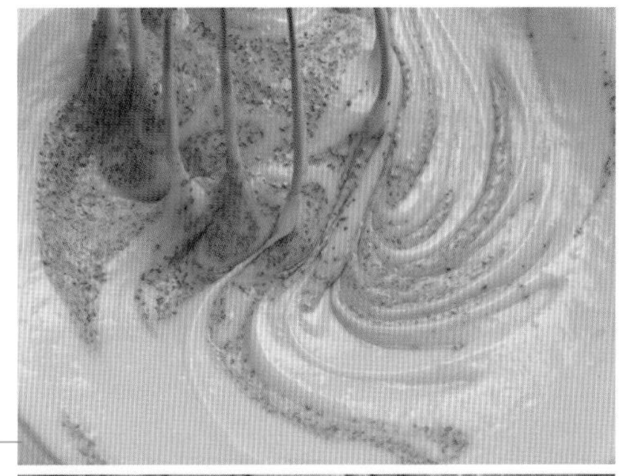

5

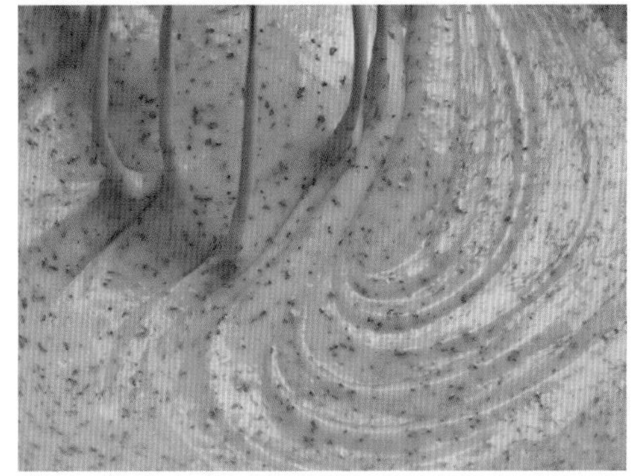

6

8

6 반죽이 완성되면 누락되는 반죽이 없도록 고무 주걱으로 볼의 옆면을 깔끔하게 정리합니다.

7 볼에 랩을 씌워 냉장실에서 1시간가량 휴지합니다.

8 냉장 휴지한 반죽을 고무 주걱으로 가볍게 섞고 짤주머니에 담아 버터 칠한 틀에 채웁니다.

9 180℃로 예열한 오븐에서 11분간 구운 다음 마들렌 틀을 빼내고 오븐 온도를 바로 200℃로 올려둡니다.

◖ 중간에 팬을 앞뒤로 바꾸어 구움색이 고르게 나도록 만들어줍니다.

10 마들렌 표면에 붓으로 분당 글레이즈를 고루 바르고 200℃로 예열한 오븐에서 1분간 더 굽습니다.

11 오븐에서 꺼낸 마들렌을 틀에서 바로 분리한 뒤 식힘망 위에 올려 완전히 식힙니다.

10

11

반죽부터 다시 시작하는 피낭시에 & 마들렌

초판 발행 | 2021년 10월 4일
초판 2쇄 발행 | 2021년 11월 25일

지은이 · 하영아
발행인 · 이종원
발행처 · (주) 도서출판 길벗
출판사 등록일 · 1990년 12월 24일
주소 · 서울시 마포구 월드컵로 10길 56(서교동)
대표전화 · 02) 332-0931 | **팩스** · 02) 322-0586
홈페이지 · www.gilbut.co.kr | **이메일** · gilbut@gilbut.co.kr

편집 팀장 · 민보람 | **기획 및 책임편집** · 방혜수(hyesu@gilbut.co.kr) | **제작** · 이준호, 손일순, 이진혁
영업마케팅 · 한준희 | **웹마케팅** · 김윤희, 김선영 | **영업관리** · 김명자 | **독자지원** · 송혜란, 윤정아

표지 및 본문 디자인 · 최윤선 | **교정교열** · 허슬기
푸드스타일링 · 하영아 | **포토그래퍼** · 장봉영 | **세트 디자이너** · 정재은 | **포토 어시스턴트** · 박효정
푸드스타일링 어시스턴트 · 이주은, 하범수, 정인경, 이유정

CTP 출력 및 인쇄 · **제본** · 상지사

ISBN 979-11-6521-701-3 13590
(길벗 도서번호 020171)

정가 : 17,000원